李毓佩 数学故事

彩图版
冒险系列

荒岛寻宝记

李毓佩 著

长江出版传媒 长江少年儿童出版社

鄂新登字 04 号

图书在版编目（ＣＩＰ）数据

彩图版李毓佩数学故事. 冒险系列. 荒岛寻宝记 / 李毓佩著.
—武汉 : 长江少年儿童出版社, 2018.10
ISBN 978-7-5560-8739-6

Ⅰ.①彩…　Ⅱ.①李…　Ⅲ.①数学—青少年读物　Ⅳ.①O1-49

中国版本图书馆 CIP 数据核字（2018）第 164829 号

荒岛寻宝记

出 品 人：何龙
出版发行：长江少年儿童出版社
业务电话：(027)87679174　(027)87679195
网　　址：http://www.cjcpg.com
电子邮箱：cjcpg_cp@163.com
承 印 厂：中印南方印刷有限公司
经　　销：新华书店湖北发行所
印　　张：6.25
印　　次：2018 年 10 月第 1 版，2023 年 11 月第 6 次印刷
印　　数：42001-45000 册
规　　格：880 毫米 × 1230 毫米
开　　本：32 开
书　　号：ISBN 978-7-5560-8739-6
定　　价：25.00 元

本书如有印装质量问题　可向承印厂调换

人物介绍

1

小·派

本名袁周（爸爸姓袁，妈妈姓周），恰好出生在 3 月 14 日，数学成绩又特别好，所以大家亲切地叫他"小派"（小 π）。爱动脑筋，思维敏捷，遇紧急情况能沉着应对。

2

米切尔

3

白发老人

神圣部族德高望重的老者，在寻宝途中，是小派坚定的支持者。

神圣部族的年轻人，在寻宝途中，是小派的好伙伴。头脑灵活，和小派配合默契，最终成功护卫了本部族的宝藏。

4

小个子

本名杰克，但因为个子小，大家都叫他"小个子"。数学很好，可惜没有用在正道上，在寻宝过程中给小派设置了种种障碍。

5

黑铁塔

6

乌西

神圣部族的新首领，耳根子有些软。

唯小个子马首是瞻，空有发达的四肢，头脑却异常简单。是个不折不扣的阴谋执行者。

目录

CONTENTS

飞机失事了

每年举行一次的国际中学生奥林匹克数学竞赛，常被人们看作一次世界级的小数学家的聚会和较量。

第一届国际中学生奥林匹克数学竞赛，是 1959 年在罗马尼亚的首都布加勒斯特举行的。当时只有苏联、匈牙利等 7 个国家参加，之后参赛国家逐年增多，到 1981 年已达 21 个国家。1986 年 7 月，第 27 届国际中学生奥林匹克数学竞赛在波兰的首都华沙举行，中国首次派代表团正式参赛，并且取得了很好的成绩：有三名同学获得一等奖，一名同学获得二等奖，一名同学获得三等奖，团体总分名列第四。

今年的国际中学生奥林匹克数学竞赛，中国又派了一个实力强大的代表团参赛，决心夺取团体冠军。参赛同学都是高中学生，可是在比赛的前三天，一名参赛学生忽然病倒，病情很重，不能参加比赛了。主教练黄教授非常着急，给中国数学会发了急电，指名叫小派急飞美国首都华盛顿参赛。

虽然小派才上初二,但黄教授早已看中他的数学才能,破例吸收他为"数学奥林匹克国家集训队"预备队员。由于参赛的正式队员生病,国家队的主教练黄教授急令小派速速飞往华盛顿。

小派接到命令,赶忙收拾行装。数学会的负责人和小派的父母把他送上飞机,他向送行的人匆匆挥手,心早已飞向了赛场。

大型客机在万米高空平稳地飞行。小派无心向机窗外眺望,总想着这次比赛。天渐渐黑了,吃罢空中小姐送来的点心和饮料,小派眯着双眼,斜躺在座椅上似睡非睡。

突然,机身剧烈地抖动,小派和其他乘客被这突如其来的变故惊醒。飞机在急速地下降,机长的声音从扩音器中传出:"各位乘客请注意:飞机突然出现故障,已失去控制。我们正在迫降。但是,什么事情都可能发生,请各位乘客系好安全带,听从我的指挥。"

飞机下降得越来越快,乘客们紧张极了,有的尖声哭叫,有的祈祷上帝,有的闭眼等死……小派心里想的却只有一件事:不能及时赶到比赛地点怎么办?

轰的一声巨响,小派眼前一片火光,接着便失去了知觉……

也不知过了多久,小派闻到一股异香,那香味十分强

烈，一个劲儿地往脑子里钻，使他不得不睁开双眼——映
入眼帘的是一间很大的茅草房子，自己则躺在一张藤床上。

　　一位满头白发的老人坐在小派旁边，拿着一株不知名
的香草给他闻。老人见小派苏醒过来，高兴地拍打着双手，
嘴里说着小派听不懂的语言。在这位老人的招呼下，一下
子来了许多人，有年轻人，有老人，有妇女，也有小孩。
他们的皮肤呈棕红色，不论男女，一律穿着裙子。也许是
由于天气热，男子都赤裸着上身，身上刺着五颜六色的花
纹。花纹形状奇特，有的像花，有的作鸟兽状，线条十分
清晰。

　　小派回想刚才发生的一切，明白是飞机失事了，这些人救了自己，白发老人又用香草把自己熏醒。小派想坐起来向老人致谢，可是他稍一活动，身上就疼痛难忍。白发老人赶紧把他按倒在床上，摆摆手，示意他不要起来。

　　小派开始在这个不知名的地方，在不知名的白发老人的照料下养伤。在养伤期间，小派通过手势从白发老人那里了解到：飞机在下落过程中解体了，飞机上的绝大部分人掉进了海里，下落不明，只有他一个人落到了这个岛上。

　　在白发老人的精心照料下，小派的身体恢复得很快，他可以下床到外面走动了。茅草房外面是海滨，高大的椰子树、洁白的沙滩、蔚蓝的大海……景色美极了。

　　这天，小派在白发老人的陪伴下，沿着沙滩散步。可是，小派一想起自己不能按期赶到华盛顿，参加国际中学生奥林匹克数学竞赛，就十分焦急。

　　这时，一个拿着长矛的年轻人急匆匆跑了过来，对白发老人说了些什么，白发老人点点头，拉着小派的手急匆匆地走了。

神秘的部族

　　白发老人拉着小派来到一座很大的茅草屋前，门口有持长矛的士兵守卫。他们走进茅草屋，只见正中五把椅子并成一排，上面坐着五名强壮的男子，两旁站着持长矛的士兵，气氛十分严肃。

　　白发老人向坐着的五名男子行了礼，然后退步走出屋子。紧接着，一个年轻人从外面走进来。他先向这五个人

鞠了一躬，然后回过身来，用英语和小派对话。

年轻人用英语问："小派，你的伤好些了吗？"

听到年轻人叫自己的名字，小派一愣。好在小派英语很好，一般对话不成问题。

小派用英语回答："噢，我的伤基本上好了。请问，你怎么知道我叫小派？"

年轻人笑了笑，说："你从飞机上掉了下来，不省人事。我们从你的上衣口袋里找到了黄教授给你的电报，知道你是中国人，叫小派，是飞往华盛顿参加国际中学生奥林匹克数学竞赛的。"

"噢，太好啦！"小派激动地叫了起来，"你有没有办法让我赶到华盛顿？我是代表国家去参加比赛的，如果到时候赶不到比赛现场，那可怎么办哪！"说着，小派的眼泪都要流出来了。

年轻人赶忙安慰说："小派，你不要着急，我们会想办法让你去参加比赛的。认识一下吧，我叫米切尔，你现在处在神圣部族的保护之下，一切都不要担心。"米切尔紧紧握住小派的手。

神圣部族、米切尔，这些陌生的名称使小派感到新奇。

小派问："什么时候让我去华盛顿？"

"来得及。"米切尔说，"我们神圣部族救了你一命，对你有恩。你有恩不报，拍拍屁股就走，这合适吗？"

"嗯……可是我怎样报答你们呢？"小派摊开双手，一副无可奈何的样子。

米切尔说："你小小年纪就能参加国际数学比赛，想必绝顶聪明，请你帮助我们部族解几个难题。我想，你这位善于解数学难题的大数学家，也同样能解决别的难题。你看，这个忙你一定会帮的吧？"

事到如今，小派也只好硬着头皮答应下来。

"好！"米切尔高兴地拍了一下小派的肩头，说，"你先来帮助我们解决第一个难题吧！"

小派问："第一个难题是什么？"

"看！"米切尔指着坐在椅子上的五个人说，"我们神圣部族历来都只有一个首领，前些日子老首领得急病突然去世了，死前连话都说不出来，只是用手指了指胸前。老首领去世后，这五个人都声称自己是老首领的继承人，都说老首领活着的时候，曾跟他谈过，指定他为继承人，可是谁也没有证人。"

小派挠了挠头："这可怎么办？"

米切尔摇了摇头，说："这事情确实不好办。大家商量的结果是，先让五个人暂时都当新首领，遇到重大问题由五个人投票解决，少数服从多数。"

小派笑了："幸亏是单数，如果是六个人，难免出现3比3的局面，那就难办了！"

米切尔十分认真地说："你能否帮助我们部族判断出谁才是真正的新首领？"

"这个……"小派可真有点儿犯难，他心想：我根据什么来判断呢?

小派一言不发，认真思考着这个难题。突然，他好像想到了什么："你们神圣部族的每一个男人身上都刺有花纹吗？"

"是的。"米切尔说，"每一个男孩在过满月的时候，就由首领亲手在他胸前刺上花纹。每个人的花纹都不一样，花纹中隐藏着首领对这个孩子的期望和寄托。"

小派问："这么说，首领希望谁将来成为他的继承人，也会表现在他所刺的花纹中喽？"

米切尔点点头说："你说得对极啦！可是，老首领死得太突然，没来得及说出新首领胸前花纹的特点。"

"临死前，他用手指了指前胸，意思是秘密就藏在胸前的花纹中。"小派这下完全明白了。

小派提出，要把这五名自称是继承人的胸前花纹临摹下来。米切尔点头表示同意。小派依次描下五个人胸前的花纹，从左到右如下图：

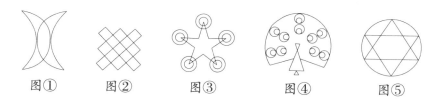

图① 图② 图③ 图④ 图⑤

突然，坐在椅子上的五名男子都站了起来，冲着小派大喊大叫一阵，把小派吓了一跳。小派问米切尔："他们在喊什么？"

米切尔解释说："他们叫你仔细、认真地研究这些花纹，如果弄错了，他们饶不了你！"

"我会给你们一个公道的。"小派说完，认真研究起这五个图形。

过了一会儿，米切尔问："怎么样？有眉目了吗？"

小派指着这些图形说："你看，这些图形都是一笔画出来的。也就是说，笔不离开纸，笔道又不重复地一笔把整个图形画出来。"

米切尔问："你怎么判断出这是一笔画？"

"根据点来判断。"

"根据点来判断？"

"对，从这些图形中，你可以看出点分为两类，如果有偶数条线通过这个点，这个点叫偶点；如果有奇数条线通过这个点，这个点叫奇点。"说着，小派在纸上画了几个点：A、B、C 为偶点，D、E、F 为奇点。

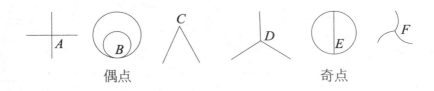

偶点　　　　　　　　　　　　　　　奇点

　　小派接着说："18 世纪，瑞士数学家欧拉发现：如果一个封闭的图中，没有奇点（0 个）或只有 2 个奇点，那么这个图可以一笔画出来。奇点个数不是 0 或 2，这个图就不能一笔画出来。你来数一数，这五个图形中各有几个奇点。"

　　米切尔非常认真地在五个图形中寻找奇点。他先看了图①，说："共有 8 个点，它们都是偶点，也就是奇点数为 0，按欧拉定理，图①可以一笔画出来。"接着，米切尔数出：图②有 24 个偶点，0 个奇点；图③有 30 个偶点，0 个奇点；图④有 25 个偶点，2 个奇点；图⑤有 12 个偶点，0 个奇点。

　　小派点点头说："你数得很对。你还记得去世的老首领胸前的图形吗？"

　　"记得。老首领胸前的图形非常简单。"说着，米切尔画出一个三角形和它的高线。

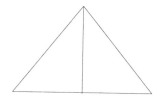

小派猛地一拍大腿，说："这就没错了！"

可米切尔还一头雾水："怎么就没错了？"

"你看，老首领胸前的图形有 2 个奇点。这样看来，一般男人的胸前的图形有 0 个奇点，只有首领继承人胸前的图形有 2 个奇点。"小派非常肯定地说，"胸前刺有孔雀图形的人是新首领。"

"嘘……"米切尔示意小派不要说出来，他小声对小派说，"你现在千万别说，不然会有生命危险，等一会儿召开全族代表会议，你再宣布答案。"

"好的。"小派满口答应，可是一回头，他看见坐着的五个男人个个都瞪大了眼睛，正虎视眈眈地看着他，吓得他一身冷汗。

小派忽然想起一个问题，他问："我说英语，代表们能听得懂吗？"

米切尔笑了笑，说："我们这个海岛是旅游胜地，其实人人都会说英语。不过，近来为了恢复本部族的语言，一般不让说英语。在全族代表会议上，你尽管用英语讲好啦！"

继承人引起的风波

神圣部族召开全族代表会议，有五十多名代表参加。由于新首领还没产生，会议由救治过小派的白发老人主持。五位自称继承人的男子，仍旧坐在上面的五把椅子上。

白发老人先向代表们讲了几句，又对坐着的五位男子讲了几句，最后冲小派点了点头。

米切尔说："老人叫你向大家宣布谁是新首领，你只管大胆地讲，不用害怕。"

小派轻轻地咳嗽了一声，清了清嗓子，想使自己镇定一下。他向前走了一步，对代表们说："各位代表，据我的研究，这五位继承人胸前的花纹是不一样的。其中四位继承人的花纹，可以从一点出发，一笔把整个花纹都勾画出来，并且回到原来的出发点。但是，只有一位继承人的花纹特殊，这个特殊花纹也可以一笔勾画，可是它不能回到原出发点，只能从一点出发到另一点结束。"

一位代表站起来问："从一个点勾画和从两个点勾画，与谁是真的继承人有什么关系呢？请这位大数学家不要把问题扯得太远啦！"

"我并没有把问题扯远。"小派镇定地说，"不知各位代表注意到没有，你们各位的胸前都刺有花纹。但是，你们刺的都是普通花纹，只有首领和首领的继承人的花纹特殊，是从一个点开始，到另一个点结束。"

第一个继承人，也就是胸前刺有两个半月形花纹的继承人坐不住了。他站了起来，指着小派大声说："什么一个点两个点的，你把我们五个人的花纹都画一遍，看看到底谁的花纹特殊！"

"对，你给我们画画看，画不出来我们可饶不了你。"其余四个继承人也随声附和。

看来，不画是不成了。小派要来一张纸、一支笔，按顺序画了起来。

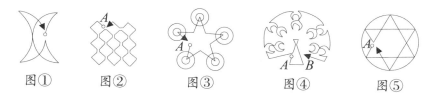

图①　　　图②　　　　图③　　　　图④　　　　图⑤

尽管小派的图形画得不太好看，但这些花纹是如何一笔画出来的，已在他笔下一清二楚地表现出来了。

等小派把五个图形都画完，白发老人点了点头，说："不用这位大数学家宣布了，我已经知道谁是真正的继承人了。"说完，白发老人缓步走到刺有孔雀开屏图案的第四个人面前，用力拍打他的肩膀，说："乌西，你是我们部族的新首领。让我们向新首领致敬！"说完，白发老人跪倒在地，双手并拢，手心向上，把脸贴在手心上，向新首领致敬。接着，五十多名代表以同样的礼节向新首领致敬。余下的四个自称继承人的年轻人，前三个人离开了座位跪倒在地，向新首领致敬，唯独第五个人坐着不动。

白发老人怒视着第五个人，厉声问道："欧图，你为什么不向新首领致敬？"

欧图长得矮矮胖胖，皮肤黝黑，他撇着嘴说："乌西胸前花纹的画法是有点儿特殊，但是画法特殊怎么就证明他是真的首领接班人呢？"

米切尔抢先一步回答："欧图，你大概不会忘记老首领胸前的花纹吧。"说着，米切尔在纸上画出已故首领胸前的花纹。

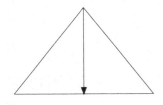

欧图点了点头，说："是这样。"

米切尔指着图说："只有乌西的花纹和老首领的花纹画法一样，起点和终点不是一个点。"

欧图摇了摇头，说："什么一个点两个点的，关键在于怎么画。老首领的花纹，我照样可以从一个点开始，到同一个点终止。"

米切尔回头问小派："这有可能吗？"

小派笑了笑，说："你让他画一个试试。"

欧图拿起笔满怀信心地在纸上画了起来。他先从三角形的左下角开始画，画了一半就停止了（图⑥）；他接着沿另一条路线画，结果画了一个三角形，可是画不出高线来（图⑦）；他又从底边中点开始画，虽然把整个图形一笔画了出来，但是起点和终点是两个点（图⑧）。

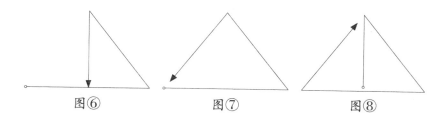

图⑥   图⑦   图⑧

欧图画了半天，泄气地说："果然画不出来，我服啦！"说完跪倒在乌西面前，向新首领致敬。

白发老人看到问题已经解决，非常高兴。他准备召开全部族会议，宣布新首领继位，组织全部族成员向新首领致敬。突然，外面闯进两个人来，一个长得又高又大，赤裸着上身，皮肤黑中透亮，身上净是疙疙瘩瘩的肌肉块，往那儿一站，犹如一座黑铁塔；另一个长得又矮又瘦，皮肤呈棕色，鼻子上还架着一副眼镜，他赤裸的上身和鼻梁上的眼镜显得十分不协调。

黑铁塔右手向前一举，说："慢！听说你们要宣布乌西为部族的新首领，又听说决定乌西为首领继承人的是什么大数学家小派，我来看看这位大数学家长的什么模样！"

当米切尔把小派介绍给黑铁塔时，黑铁塔仰天哈哈大笑："我以为大数学家是个满头白发的老教授，没想到是个乳臭未干的毛孩子，你们怎么能相信他的胡说八道呢？"

戴眼镜的小个子也歪着脑袋说："首领是全部族的主心骨，一定要文武双全，文能治国，武能安邦，不知乌西老弟有没有这份能耐？"

两个人还想说下去，忽听啪的一声，白发老人拍案而起，指着他们厉声说道："你们给我住嘴！大数学家小派是从天而降的客人。按照我们神圣部族的传统，对待客人应该真诚、热情；乌西是我们确认的新首领，对首领应该尊重、信任。你们两个怎么能胡言乱语？"

"这……"两人见白发老人真的动了气，都低下头不再说话。但是，从他们的表情来看，他们心里依然十分不服气。

"嗯……"白发老人长吁了一口气，说，"当然啦，你们对确认谁是首领继承人的做法有什么疑问，可以提出来。不过，一定要好言好语，不许恶语中伤！"

戴眼镜的小个子细声细气地对小派说："尊敬的大数学家小派先生，我十分佩服你在短时间内就解决了谁是真的首领继承人的问题。我们神圣部族的许多人对你的判断还表示怀疑。不过，我有一个消除怀疑的好办法。"

白发老人在一旁说："有什么好办法，你只管说，用不着拐弯抹角的。"

"好的，好的。"戴眼镜的小个子从口袋里掏出一张纸，递给了小派，"听说你是中国人，我非常敬仰你们国家古老的文明。贵国清代的乾隆皇帝你一定听说过，他曾给大臣纪晓岚出过一个词谜，这个词谜现在就写在这张纸上。如果你能在十分钟内把这个词谜的谜底解出来，我们就不再怀疑你的才华了。"

小派看到纸上用中文写道：

> 下珠帘焚香去卜卦，
> 问苍天，侬的人儿落在谁家？
> 恨王郎全无一点真心话。
> 欲罢不能罢，
> 吾把口来压！
> 论文字交情不差，
> 染成皂难讲一句清白话。
> 分明一对好鸳鸯却被刀割下，
> 抛得奴力尽手又乏。
> 细思量口与心俱是假。

小派心想：这个戴眼镜的小个子真够厉害的，他拿中国古代的词谜来考我，不但考我的智力，还考我的古文学习得如何，真可谓"一箭双雕"啊！小派过去还真没见过这个词谜，他得抓紧这十分钟的时间，把它想出来！小派这边正在紧张地琢磨着，那边小个子一边看表，一边计时："还有四分钟，还有三分钟……"当还有一分钟时，小派说："我猜出来啦！是中国汉字一二三四五六七八九十。"

听了小派的答案，小个子微微一愣，接着似笑非笑地说："噢，那请你说说其中的道理吧。"

小派说："这是用减字的方法来显示谜底的，因此，每句话中不是每个字都有用。比如第一句话'下珠帘焚香去卜卦'中，与谜有关的只有'下''去卜'三个字。'下'字去掉'卜'字不就剩下'一'字了吗？"

"对，对。"白发老人点头说，"大数学家说得有理！"

小派接着说："第二句中'侬的人儿落在谁家'，是说人不见了，'问苍天'中的'天'字没了'人'字就是'二'；

"由于古代中国的一，也可以竖写成1，所以第三句中'王'无'一'是'三'；

"罢字的繁体写法是'罷'，'罷'字去掉'能'字就是'四'。

"'吾'去了'口'是'五'；

"'交'不要差，'差'与'叉'谐音，意思是指'×'，'交'字去掉下面的'×'，就是'六'；

"'皂'字去掉上面的'白'字是'七';

"'分'字去掉了'刀'是'八';

"'抛'字去掉了'力'和'手'是'九';

"'思'去了'口'和'心'是'十'。

"你看我解释得有没有道理?"

听完小派的解释,在场的五十多名代表一齐鼓掌,一方面赞扬小派的聪明机智,另一方面也佩服中国古代诗文的神奇。

小个子失望地叹口气,说:"大数学家果然聪明过人,佩服,佩服!"

白发老人见小个子不说什么了,又问黑铁塔:"你还有什么要说的吗?"

黑铁塔摇摇头,指了指小个子,说:"他说没有就没有,我一切听他的。"

白发老人见大家没有异议,就正式宣布乌西为新的首领,全部族欢庆三天。

小派见真假继承人的问题已经解决,就对米切尔提出,要赶赴华盛顿参加数学竞赛。米切尔笑了笑,说:"不忙,你刚刚帮助我们解决了第一个问题。我们还有更重要的问题等着你解决呢!"

"啊?还有问题呀!"小派听了,不免心头一紧。

财宝藏在哪儿

小派问米切尔："还有什么问题？"

米切尔小声对小派说："事情是这样的……

"一百多年前，E国殖民主义者的军舰驶进了我们这个岛国。军舰上的大炮猛烈轰击岛上的居民设施，我们神圣部族的族人死伤无数。当时我们部族的首领一面指挥大家抵抗，一面把神圣部族的珍宝埋藏起来。

"土制的弓箭难以阻挡洋枪洋炮的进攻，E国军队很快登陆，并占领了整个岛国。我们的老首领带领一群战士，和侵略者进行了殊死战斗，终因寡不敌众，全部壮烈牺牲。侵略者的军队在岛上大肆屠杀，我们神圣部族有五分之四的居民被屠杀。

"后来，E国的军队终因水土不服，很多人久病不愈，成片死亡，所以他们在这里没待多久就撤了出去。经过这一百多年的繁衍，我们神圣部族又兴旺起来了。但是我们的老首领把部族的珍宝藏到了哪儿，始终是个谜。我们想请大数学家帮助解开这个谜，找到这份珍宝。"

找到一百多年前埋藏的珍宝，真是一件困难重重又新鲜刺激的工作。小派的好奇心被激发起来，他问："老首领留下什么记号和暗示没有？"

"有。"米切尔说，"老首领在一个岩洞的内壁上，画了几个图形和一些特殊记号。"

小派又问："都一百多年了，就没有人能破解这些图形和记号的含义吗？"

米切尔说："我们的老首领是个非常了不起的人。他年轻时曾独身一人驾着小船到外国旅游和学习，一去就是十年。他特别喜欢数学和天文，回岛后向神圣部族的青年人普及数学和天文知识，很受青年人的欢迎。"

珍宝、图形、记号、数学爱好者，这一切对小派有很强的吸引力。小派要求米切尔立刻带他去那个岩洞，看看老首领留下的图形和记号。米切尔点了点头，领着小派悄悄离开了屋子，直奔后山的岩洞。

山不是很高，山上

长满了叫不出名来的热带植物，在阳光的照耀下，显得格外青翠。小派跟在米切尔后面，向山里走去。他们转了几圈，在草丛中找到了一个很小的洞口。如果不仔细找，这洞口是很难发现的。

两人钻进洞口，洞口虽小，里面却像一个大厅，可容纳一百多人。米切尔用手电筒照着洞壁上的图形，还是看不太清楚，他又点亮了一个火把。

第一组图形是九个大小不同的正方形，每个正方形上都写着一个数字，它们分别是 1、4、7、8、9、10、14、15、18。图形下还写着字：

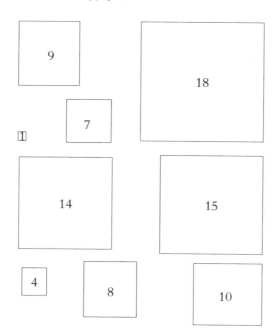

　　用这 9 个正方形拼成一个长方形。出了洞口向前走等于长方形的长边长度那么多步。向右转，再走短边长度那么多步，停住。

　　小派看着正方形上的数字，自言自语地说："正方形上的数字肯定代表它的边长。"说完，动手测量上面写着 9 的正方形，边长果然是 9 分米。

　　米切尔说："我们也猜想这些数字代表边长，可是我们怎么也拼不出长方形来。"

　　小派说："我曾在一本书上看到过一个结论：数学家证明了用边长各不相同的正方形，拼出一个长方形，最少需要九个。少于九个是拼不成长方形的。我来拼拼试试。"说完，小派用纸剪出几个小正方形，在地上拼起来。不过，

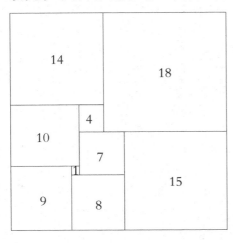

他不是胡乱地拼，而是一边拼，一边算，没过多久，就在地上拼出了一个大的长方形。

　　小派高兴地说："拼出的这个长方形的长边是 33，短边是 32。"

　　米切尔也很兴奋：

"那埋藏珍宝的地点，是出了洞口先向前走 33 步，向右转，再走 32 步。"

小派点点头说："对，就是这么回事！我们再来看第二组图形。"

第二组图形是一个大的正方形。正方形被分成 16 个小正方形，其中有 9 个方格画有黑点，还有 7 个空白格。下面也写着字：

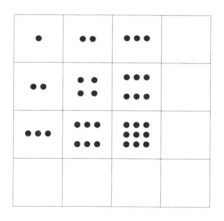

有 7 个方格的黑点我没来得及画。把所有的方格都画上黑点，把各方格中的黑点数加起来，得数 m。向下挖 m 指长，停止。

米切尔解释说："指长是指成年人的中指长，这是我们部族常用的长度单位。过去我们也研究过这个图，但总弄不清楚这 7 个空格里分别应该画多少个黑点。"

"让我想一想。"小派拍着脑袋说，"这黑点的画法是非常有规律的。你看，这最上面一行的点数，从左到右是 1、2、3，下一个应该是 4。同样道理，最左边行的点数，从上到下也应该是 1、2、3、4。"

米切尔点点头说："说得有理。可是其他方格就不好画了。"

小派指着图说："这条对角线上的点数也是很有规律的，它们都是完全平方数，$1^2 = 1$，$2^2 = 4$，$3^2 = 9$，$4^2 = 16$。"说着，小派在 3 个方格中画上了黑点。

米切尔竖起大拇指夸奖说："不愧是大数学家，一眼就看出这里的数字关系了。"

小派摇摇头说："别开玩笑，我一个中学生和数学家一点儿不沾边！"

米切尔看着图说："剩下的 4 个方格就难画喽！"

"也不难。"小派指着图说，"你仔细观察就能发现，中间方格的黑点数恰好等于最上面方格黑点数和最左面方格黑点数的乘积。"

米切尔有些不信，亲自动手算了一下：

$$2\times2=4，2\times3=6，3\times2=6，3\times3=9$$

"哈，一点儿不差！我也会画了。最下面一行的两个方格应该分别画 8 个和 12 个黑点，最右面两个方格也一样。"米切尔在余下的 4 个方格中画上了黑点。

米切尔高兴地说："方格中的黑点都画出来了，咱们加起来就成了。"说着就要做加法。

"不用一个一个地加。"小派拦阻说，"我已经算出来了，等于100。"

米切尔惊奇地问："哟！你怎么算得这么快？"

"我是采用经验归纳法得出的。"小派写出几个算式，说，"16个方格中的黑点数加在一起，一定是10的平方，因此是100。"

$1 = 1^2$

$1 + 2 + 2 + 4 = 9 = 3^2$

$1 + 2 + 2 + 3 + 3 + 4 + 6 + 6 + 9 = 36 = 6^2$

米切尔摇摇头说："为什么不是 8 的平方、9 的平方，而一定是 10 的平方呢？"

小派说："你把最左面所有方格中的黑点数加在一起就会明白的。"

米切尔心算了一下，随后一拍脑袋，说："噢，我明白了，底数恰好等于最左边所有方格中黑点数的总和：$1+2+3+4=10$，所以以 10 为底。"

小派又画了一个图，说："这样一拆，就可以得到连续的立方数。"

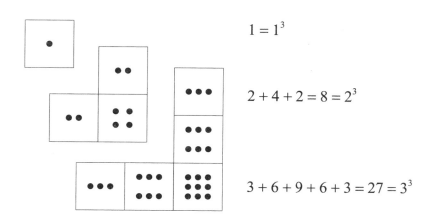

$$1 = 1^3$$

$$2 + 4 + 2 = 8 = 2^3$$

$$3 + 6 + 9 + 6 + 3 = 27 = 3^3$$

"真有意思。"米切尔兴奋地说，"这么说，走出洞口，向前走 33 步，再向右转，走 32 步，向下挖 100 指长，就能找到老首领埋藏的珍宝了。太好啦！我们赶快报告给新首领乌西吧。"

突然，一块石头从洞口处扔进来，啪的一声将火把打灭了。米切尔赶紧打亮手电筒，问："谁？"外面无人回答，接着又一块石头飞进来，将手电筒打灭。米切尔马上按住小派的肩头，低声说："趴下！"两个人赶快趴在地上。洞里漆黑一片，只听到从洞口传来噔噔噔的脚步声。

米切尔和小派爬起来快步冲到洞口，只见 50 米外的草木乱动，已不见人影。

小派说："咱们快追！"

"慢！"米切尔拦住小派，说，"此人投石技术高超，追过去，他在暗处，我们在明处，我们会吃亏的！"

小派忙问："你说怎么办？"

"先回去向乌西首领报告。"米切尔说完，拉着小派就往回跑。

绑　　架

　　米切尔和小派正向乌西首领所在的大茅屋跑去，忽然脚下被什么东西绊了一下，"扑通、扑通"两声，小派与米切尔先后摔倒在地。小派回头一看，是一条长绳把他们俩绊倒了。

　　"不许动！"随着喊声，两个蒙面人从树后跳出，其中一个又高又胖，另一个又矮又瘦，两人手里各持一把尖刀。高个儿用绳子把米切尔捆了，矮个儿把小派捆

了。他们押着米切尔和小派，推推搡搡向右边一条小路走去。

米切尔一边走，一边大声叫道："黑铁塔，你不要以为把脸蒙上，我就认不出你了！你为什么绑架我们？"

黑铁塔？小派心想：那个高个儿是黑铁塔，这个矮个儿一定是戴眼镜的小个子啦！今天他怎么没戴眼镜？我来试试他的眼力。小派发现前面有半截树墩，他成心从树墩上迈了过去，跟在后面的矮个儿却没看见，扑通一声，被树墩绊了个嘴啃泥。

"哈哈。"小派笑着说，"他是黑铁塔，你一定是戴眼镜的小个子喽！你怎么不戴眼镜？白白摔了一跤。"

小个子从地上爬起来，拍了拍身上的土，从口袋里掏出眼镜架在鼻子上，推了小派一把，示意他继续往前走。他们又走了一会儿，来到一间小茅草房跟前，小派和米切尔被推了进去。

两人收起尖刀，去掉蒙面布，果然是黑铁塔和戴眼镜的小个子。这两个人都能讲流利的英语。

小个子笑了笑，说："二位受委屈了。米切尔，你在千方百计地寻找一百多年前老首领埋藏的珍宝，我和黑铁塔也一直在寻找这份珍宝。咱们明人不说暗话，谁能得到珍宝，谁就是神圣部族的真正主宰者，谁就是这个岛国的真正主人。"

米切尔愤怒地责问："你把我和小派绑架到这儿，究竟想干什么？"

小个子用手扶了扶眼镜，说："小派是中国人，他不能知道我们神圣部族的秘密。不然的话，他把这个秘密张扬出去，国外的一些贪财之徒必来抢夺，这会给我们部族招来灾难。"

米切尔反驳说："一百多年来，谁也没有揭开珍宝的秘密，是小派帮助我们解开了这个谜。"

"对,对。"小个子连连点头说,"小派是帮了很大的忙,你们俩在山洞里的谈话,我和黑铁塔在外面听得一清二楚。你们计算的结果,就是出洞口向前走33步,向右转走32步,向下挖100指长，我们也知道啦！"

"不可能！"米切尔不相信小个子的话，"洞口离我们说话的地方那么远，我们俩说话的声音又很小，你怎么可能听得见呢？"

"嘿嘿。"小个子得意地笑了笑，"几个月前，我们就把那个洞修整了一下，我们是利用了'刁尼秀斯之耳'听到的。"

"什么是'刁尼秀斯之耳'？"米切尔不懂。

小个子用手指了指小派，说："不明白就问大数学家嘛！”

米切尔问：“小派，你知道什么是'刁尼秀斯之耳'吗？”

“知道。”小派说，“在古希腊，西西里岛的统治者命人开凿了一个岩洞作为监狱。被关押在岩洞里的犯人不堪忍受这非人的待遇，他们晚上偷偷聚集在岩洞靠里面的一个石桌子旁，小声议论越狱和暴动的办法。可是，他们商量好的计划很快就被看守知道了。看守提前采取了措施，使犯人商量好的计划无法实行。犯人们开始互相猜疑，认为他们中一定出了叛徒，但是不管怎么查找，也找不到告密者。后来才搞清楚，这个岩洞不是随意开凿的，而是请了一位叫刁尼秀斯的人专门设计的。他设计的岩洞监狱采用了椭圆形的结构，而石头桌子恰好在椭圆的一个焦点上，看守在另一个焦点上。这样，犯人在石桌旁小声议论的声音，通过反射可清楚地传到洞口看守的耳朵里。后来人们就把这种椭圆形的构造叫作'刁尼秀斯之耳'。”

小个子见米切尔没太听懂，就在地上钉上 A 和 B 两根木桩，然后找来一根绳子，将绳子的两端分别系在 A、B 两根木桩上，又找来一根短棍把绳子拉紧，拉成折线，最后手持短棍顺着一个方向画，画出来一个椭圆。

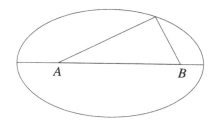

小个子说："两根木桩所在的 *A*、*B* 两点就是椭圆的焦点。椭圆有一个重要性质：从一个焦点发出的光或声音，经椭圆反射，可以全部聚集到另一个焦点上。'刁尼秀斯之耳'就是根据这个性质设计的，这下你明白了吧？"

米切尔怒视小个子："你们打算干什么？"

"干什么？"小个子十分得意地说，"你和小派先待在这儿，我和黑铁塔去挖珍宝。对不起，先委屈你们啦！黑铁塔，咱们快走！"小个子和黑铁塔急匆匆地走了出去，并从外面把房门锁上，然后一溜小跑挖珍宝去了。

小派问："怎么办？咱俩大声叫喊有用吗？"

"不成。这是猎人临时休息用的屋子，孤零零的，周围没人。"米切尔摇了摇头。

"难道咱们就在这儿干等着？"小派有点儿着急。

"你过来。"米切尔凑在小派耳朵边小声说，"咱们可以这样……"小派笑着点了点头。

话分两头，再说小个子和黑铁塔来到洞口，黑铁塔说："出洞口先向前走33步，我来走。"说着迈开大步就往前走。

"慢！"小个子拦住说，"你身高一米九以上，我身高不足一米六。你迈一步的距离和我迈一步的距离可就差远了。是你迈33步，还是我迈33步呢？"

"这个……"黑铁塔拍着脑袋想了一下，说，"像我这么高的人不太多，而像你那么矮的人也不多见。我看可以这样办，我走33步停下，你也走33步停下，取咱俩位置的中点不就合适了吗？"

"对，咱俩不妨试一试。"小个子说完，就和黑铁塔走了起来。

两人试了一次，向下挖了一个深坑，什么都没有；再试一次，又挖了一个深坑，还是什么都没有。两人左挖一个坑，右挖一个坑，一个下午足足挖了十几个坑，还是一无所获。眼看太阳就要落山了，两人坐在地上一个劲儿地擦汗。

突然，小个子想起了米切尔和小派还关在小茅屋里。他觉得小派一定知道其中的玄机，于是和黑铁塔往小茅屋跑。他们用钥匙打开屋门一看，屋里只剩下捆米切尔和小派的两根绳子，人呢，早就不见啦！

步 长 之 谜

我们再来说说小派和米切尔是怎样逃脱的。

他们俩被反捆着双手锁在小茅屋里。小派十分着急，米切尔小声对小派说："你过来，转过身去。"

小派转过身，米切尔弯下腰用牙去解绳子结。经过一番努力，捆小派的绳子被解开了，小派再把米切尔的绳子解开，两人从窗户跑了出去。

到哪儿去？米切尔说应该去报告首领乌西，而小派主张先去山洞附近，看看小个子是否把珍宝挖到了手。米切尔同意小派的意见，两个人偷偷地向藏宝地点走去。

小派和米切尔藏在一块大石头后面，看见小个子和黑铁塔正在汗流浃背地挖坑，他们俩挖一阵子骂一阵子，可是什么也没挖出来。

米切尔问小派："他们俩挖了那么多坑，为什么还找不到珍宝？"

小派笑了笑，小声说道："他们俩找不到藏珍宝的确切地点，所以到处瞎挖。"

"咦？"米切尔疑惑地问，"他们俩不是知道向前迈多少步，再向右迈多少步吗？为什么还找不到准确地点呢？"

"关键在于一步究竟有多长。"小派说，"规定一种长度单位是很费脑筋的。比如，三千多年前，古埃及人用人的前臂作为长度单位，叫作'腕尺'。可是，人的前臂有长有短哪！于是在修建著名的胡夫大金字塔时，人们就选择了古埃及国王胡夫的前臂作为标准'腕尺'，这样修成的大金字塔的高度为280腕尺。"

米切尔听了，觉得挺有意思，又问："过去有用步做长度单位的吗？"

"有啊！"小派说，"我们中国唐朝有个著名皇帝唐太宗李世民，他规定：以他的双步，也就是左右脚各走一步的长度作为长度单位，叫作'步'。他又规定一步为五尺，三百步为一里。一百多年前，你们部族的老首领说'出洞口走33步'，不知道他说的'步'以谁的为标准？"

米切尔皱着眉头说："是啊！事情已过去一百多年了，谁知道当时是以谁的一步作标准？也许是以老首领他本人的一步为标准，但是老首领的一步有多长，谁也不知道，连老首领有多高也没人了解。唉，看来这珍宝是找不到了！"

两个人都不说话了。沉默了一段时间，小派忽然想起了什么，他十分有把握地说："老首领既然想把这批珍宝留给后人，就不会留下一个谁也解不开的千古之谜。我敢肯定，老首领在山洞里一定留下了什么记号，标出一步究竟有多长。"

"你说得有理！走，咱俩再回山洞里仔细找一找。"米切尔拉起小派就走。正巧，这时小个子和黑铁塔急匆匆地离开了这里，赶回小茅屋找小派和米切尔。米切尔用树枝扎了个火把，点燃了向洞里走去。

小派小声说："山洞里很黑，又由于时间上相隔了一个世纪，所以我们搜寻这些记号时要特别细心，不能遗漏任何一块地方。"

"放心吧！掉在地上的一根针，我们也要把它找到。"米切尔把火把举得很低，仔细寻找每一寸土地。

突然，小派在一个角落发现了几个比较浅的小坑，他激动地说："米切尔，快来看这几个小坑！"

米切尔凑近仔细一看，不以为然地摇了摇头，说："这地上有许许多多小坑，有什么稀罕的？"

"不，不。"小派把小坑上面的浮土用力向两边扒了扒，说，"你看，这里是一大四小一共五个小坑，它们像什么？"

米切尔仔细看了看，一拍大腿说："嘿！像人的五个脚趾。有门儿啦！"

两人又在周围仔细寻找，果然又发现了同样的五个小坑。米切尔说："这一前一后的脚趾坑，正好是一步的距离。嘿！这一步可真够长的，有一米多长。"

小派说："如果这真是你们老首领的实际步长，他的个头足有两米高。"两人找到一根绳子，把这一步长记了下来。最后，小派又用手把土弄平，将这里恢复了原样。米切尔熄灭了火把，悄悄走到洞口看了看，洞外没有人，他向小派招了招手，两人爬出了洞口。

小派问："咱们现在就动手挖吗？"

米切尔摆摆手说："不行。小个子和黑铁塔回到小茅屋找不到咱俩，肯定要回到山洞来的。"

小派拍了拍脑袋，说："咱们要想个办法，把他们俩引开才行。"

"你有什么好办法吗？"米切尔有点儿发愁。

小派笑了笑，说："确实有一个，叫作'请君入瓮'。"

不出米切尔所料，小个子和黑铁塔发现小派和米切尔跑了，就急着往山洞赶，他们俩害怕小派和米切尔抢先把珍宝挖了去。

小个子对黑铁塔说："看来，米切尔和小派没敢回这儿来。"

黑铁塔大嘴一撇，说："我琢磨着他们俩也不敢回来，如果再落到我们手里，我一拳一个把他们都砸成肉饼！"说完，将两只大手用力一拍，啪的一声，响声震耳。

小个子无意中发现，洞口一块大石头上写着几行字。内容是：

米切尔：

　　我在山洞里发现了一个有关步长的方程，我很快就能解出来，请你赶快进洞来。

　　　　　　　　　　　　　　　　　　　　小派

请君入瓮

小个子对黑铁塔说："你来看这几行字。"

黑铁塔看了非常高兴，喊道："好哇！这两个小子钻进洞里解方程去了，咱们快进去把他们俩抓住！"说着就要往山洞里钻。

"慢！"小个子说，"小派虽说年纪不大，但数学很好，我们不能小瞧了他。这会不会是他设下的圈套？"

黑铁塔不以为然："一个小毛孩子会设什么圈套？你这个人总爱疑神疑鬼，净自己吓唬自己。"

小个子摇摇头说："不可大意。依我看，咱俩还是一个进山洞，另一个在外面守着。"

"一个人进洞？"黑铁塔说，"你一个人进洞，打得过他们两个人吗？如果你一个人爬进去，准叫他们俩给收拾了。我一个人进洞是不怕他们俩的，可是我又不会解方程,进去有什么用？你放心吧,有我保护,你准出不了事！"

黑铁塔也不管小个子是否同意，点燃了两支火把，硬把小个子拉进了山洞。进了山洞，他们连小派和米切尔的影子都没看见。

　　小个子又有点儿疑惑，他不安地说："怎么不见他们两个呢？这中间有诈！"

　　"你又疑神疑鬼！他们俩听见我黑铁塔来了，早吓得一溜烟跑了。咱俩快找那个方程吧！"说着，黑铁塔举着火把到处找。没过一会儿，他真的找到了。一块突出的大石头下面，用刀子刻着几行小字：

有一天我在林中散步，
一边走一边计算我的步长，
步数总数的 $\frac{1}{5}$ 的平方步，
是向东走；
向西只走了12步。
我总共走了16米啊，
问我一步有多长？

　　小个子看完后，摇摇头说："这诗写得实在不怎么样，比起中国古代诗歌差远啦！"

"你管他诗写得好不好，快把步长算出来吧！"

"这个容易。"小个子把眼镜向上扶了扶，说，"可以先求出他一共走了多少步。设总步数为 x，那么，总步数的 $\frac{1}{8}$ 平方步就是 $(\frac{x}{8})^2$，另外又向西走了 12 步，可列出方程：

$$(\frac{x}{8})^2 + 12 = x$$

这是一个一元二次方程，可以把它先化成标准形式，然后用求根公式去解：

由 $(\frac{x}{8})^2 + 12 = x$，

整理，得 $x^2 - 64x + 768 = 0$，

$$x = \frac{64 \pm \sqrt{64^2 - 4 \times 768}}{2}$$

$$= \frac{64 \pm 32}{2},$$

$x_1 = 48$，$x_2 = 16$。

他可能走了 48 步，也可能走了 16 步。"

黑铁塔说："嘿，你的数学还真有两下子！不过，到底是走了 48 步，还是走了 16 步呢？"

小个子说："按 48 步算，他每步只走 0.33 米，这步子太小；按 16 步算，每步恰好 1 米。像你这样大的个头，1 步迈出 1 米是差不多的。"

"太好啦！"黑铁塔高兴地说，"这回咱们拿着皮尺量，向前量 33 米，向右转再量 32 米，就能准确地找到藏宝地点。哈哈，珍宝就要归咱俩啦！"

小个子感叹道："刚才咱俩距离量得不对，白挖了半天。看来不掌握一步有多长，是不可能准确找到藏宝地点的。这就叫作'差之毫厘，失之千里'呀！"说完，小个子与黑铁塔一起兴冲冲地向洞口走去。

怎么回事？洞口被人从外面用大石头堵上啦！尽管黑铁塔力气很大，但洞口太小，黑铁塔纵有浑身的力气也使不出，洞口的大石头纹丝不动。

小个子猛然醒悟："唉，咱们上当啦！是小派把咱俩骗进山洞，再把咱们堵在洞里，他们俩就可以放心地挖珍宝啦！"

黑铁塔那股神气劲儿也没了，他低着头懊丧地说："这山洞我不知进来多少趟了，从来没看见大石头上有这几行字，显然，这字是小派他们新刻上去的。"两个人没法出去，只好等人来救……

不错，这正是小派设下的圈套。小派把洞口堵上后，米切尔还不放心，又用一根大木头顶上。

米切尔笑着说："黑铁塔纵有千斤之力，也休想推开这块石头。"

小派拿着量好的绳子开始丈量距离，先向前量33次，再向右转量32次。小派说："好啦！这就是藏宝的准确地点。"

米切尔指着稍远处一个新挖的坑说："好悬哪！差点儿让小个子挖着。"

两个人正要动手挖，一个士兵忽然跑来，冲着他们俩喊："小派，米切尔，首领乌西有要事找你们，叫你们俩马上过去！"

"啊，乌西首领找我们，莫非……"

知识点 解析

用一元二次方程解决问题

故事中，小个子用一元二次方程求出了总步数。在用一元二次方程解决问题时，与用其他方程解决问题一样，列方程前先要找出等量关系式，不同之处是一元二次方程有两个解，解方程时常会舍去一个解：当解为一个正解和一个负解时，常常舍去负解；两个解符号相同时，要根据题意进行取舍，注意取值范围。总之，本着合乎常理、立足实际的原则，就能进行正确取舍。

考考你

班上学生每两人握一次手，一共握了595次手，请问这个班有多少人？

首领出的难题

乌西首领在大茅屋里接见了小派。由于还没和米切尔商量好该怎样向乌西汇报发现珍宝的经过,所以小派并没有提起这件事。

乌西显得很高兴,他对小派说:"为了庆祝我担任新首领,神圣部族要召开庆祝会。为了表示对全部族同胞的感谢,我想在我的座位前面,安排一个由 16 个人组成的方队,要求横着 4 行,竖着 4 列。这 16 个人由这样四部分人组成:4 个老人,4 个青年,4 个小孩,4 个妇女。为了将 4 个老人区分开,我让他们扎不同颜色的腰带,有红色的、蓝色的、绿色的和黄色的。青年、小孩、妇女也扎这四种不同颜色的腰带,以示区别。"

小派说:"你想的办法很好。"

"可是我遇到了一个难题。"乌西站起来,边走边说,"我想把这个方队排得十分均衡。也就是说,每一行、每一列都由老人、青年、小孩和妇女组成,而且还必须每一行、每一列的 4 个人扎着不同颜色的腰带。我想,这样排的话，四部分人就均衡了，四种颜色也分配均匀了，是十分理想的排法。可惜的是，我排了半天也没有排出来，所以想请大数学家帮忙给排一排。"

小派想了一下，说："好吧，我来试试。"小派要了一张纸，在纸上画了一个正方形，又画出 16 个方格。小派先沿着从左上方到右下方的对角线，把 4 个老人安排好，接着排上 4 个青年人，再排上 4 个小孩，最后把 4 个妇女排上。

乌西看着小派排出来的图，一个劲儿地鼓掌，他赞

许地说："妙，妙！而且最妙之处是按规律去排，而不是瞎碰。"

乌西忽然心血来潮，他又问："如果我在方阵中再加一部分中年人，另外再加一种颜色——白色，由 25 人组成一个 5×5 的方阵，你能不能排出来呢？"

小派点了点头，说："可以排出来。"

乌西接着问："如果再扩大一些，由 36 个人排成 6×6 的方阵，你能不能排出来？"

小派心想：这位新首领会把方阵越扩越大，问个没完。小派忽然想起小个子和黑铁塔还堵在山洞里，时间一长，他们会不会被憋死呢？

小派灵机一动，对乌西说："首领，6×6 的方阵我没排过，不知能不能排出来。不过，我听别人说，贵部族的小个子能排出来，您不妨把他找来。"

乌西说："你说的是他呀！他的大名叫杰克，因为个子小，人们都叫他小个子。他现在在哪儿？"

米切尔很快就明白了小派的用心，他抢先回答说："我看见小个子和黑铁塔向北面那个神秘山洞走去了。"

乌西笑了笑，说："小个子总想解开藏宝的秘密，这个秘密已经有一百多年了，谁也没能解开。小个子虽然很聪明，数学也很好，但是要解开这个谜也很难。"

不一会儿，大家就听到小个子在屋外嚷嚷："我跟那个叫小派的小孩没完。他下手太狠了，把我和黑铁塔堵在山洞里，差点儿憋死！"

小个子和黑铁塔气势汹汹地走了进来。两边的卫兵喝道："这是首领的宝殿，你们怎敢大声喧哗！"两个人立刻不吭声了，低着头站在一旁。

乌西问："小个子，出了什么事？这么大吵大嚷的。"

黑铁塔抢着说："首领，我们发现了秘密。"他刚说到这儿，小个子在他脚上狠命地踩了一脚，痛得黑铁塔哎哟哟地直叫唤。

小个子赶紧接过话茬儿："是呀，我们发现了一个秘密，就是……就是……就是米切尔和小派特别要好。"

"咳！这算什么秘密呀！"乌西摇摇头说，"小派说你会排 6×6 的方阵，请你给我排一排，好吗？"

"什么，什么 6×6 的方阵？"小个子被问愣了。

乌西把事情的原委说了一遍。他说："听说你会排 6×6 的方阵，我就把你请来了，希望你不要给神圣部族丢脸哪！"

小个子听后，心中暗暗叫苦。因为按神圣部族的规矩，首领叫你干的事，你不能轻易拒绝。小个子偷看了小派一眼，心里狠狠地说：好小子，你把我堵在山洞里不算，又给我出难题，叫我在首领面前丢人现眼，我跟你没完！

乌西见小个子低着头半天不说话，就催促说："你快点儿排呀！"

"是，是。"小个子不敢怠慢，拿起笔，用大写的英文字母 A、B、C、D、E、F 代表 6 种不同的人，用小写的英文字母 a、b、c、d、e、f 表示 6 种不同的颜色，开始在 6×6 个方格上排了起来。他左排一个不成，右排一个也不成，一个小时过去了，小个子急得满头大汗，纸也用了几十张，结果，6×6 方阵还是没有排出来。乌西有些不耐烦了，在场的其他人也都有点儿着急。

米切尔小声问小派："你很快就把 4×4 方阵排了出来，小个子也很聪明，他排了这么半天，怎么还没把 6×6 方阵排出来呢？"

"这里有个秘密。"小派小声讲了起来，"18 世纪的欧洲有个普鲁士王国，国王叫腓特烈。有一年，腓特烈国王要举行阅兵式，计划挑选一支由 36 名军官组成的军官方队，作为阅兵式的先导。普鲁士王国当时有 6 支部队。腓特烈国王要求，从每支部队中选派出 6 个不同级别的军官各一名，共 36 名。这 6 个不同级别是：少尉、中尉、上尉、少校、中校、上校。国王要求这 36 名军官排成 6 行 6 列的方阵，使得每一行和每一列都有各部队、各级别的代表。"

米切尔吃惊地说："这和乌西提出来的 6×6 方阵非常相似。"

小派笑了笑，说："我也觉得奇怪，怎么能这样巧呢？可能当国王、首领的都爱提这类问题吧！"

米切尔急切地问："后来呢？"

"嘘，小点儿声！"小派眨了眨眼，继续讲，"腓特烈国王一声令下，可忙坏了司令官，他赶紧召来 36 名军官，按照国王的旨意，一连折腾了好几天，也没有排出这个 6×6 方阵来。"

米切尔又着急了："排不出来,国王要怪罪司令官的！"

小派点了点头，说："是啊！司令官也非常着急。怎么办呢？当时，欧洲著名数学家欧拉正好在柏林。司令官就请欧拉给帮忙排一排，结果欧拉也排不出来。欧拉猜想这种 6×6 的方阵可能排不出来。后来，人们就把这种方阵起名为'欧拉方阵'。现代数学已经证明：只有 2×2 的欧拉方阵和 6×6 的欧拉方阵排不出来，其他欧拉方阵都能排出来。"

米切尔笑着说："这么说，这种 6×6 方阵根本就排不出来！既然排不出来，你硬叫小个子排，这不是成心整人吗？"

小派严肃地说："不是我成心整他。小个子想把你们祖先留下的珍宝占为己有，我们不能让他得逞！"

"说得对！"米切尔点头表示同意。

乌西看小个子还没把 6×6 方阵排出来，就生气了。他一拍桌子站了起来，指着小个子说："你到底会不会排？说句痛快话！"

小个子害怕了，他擦了一把头上的汗，结结巴巴地说："虽……虽然我没排……排出来，可是我……我有个重要情况向您……您汇报。"

乌西眼睛一瞪："什么重要情况？快说！"

谜中之谜

小个子扶了一下眼镜，指着小派和米切尔说："他们俩背着您，偷偷跑到北面那个神秘山洞，揭开了老祖宗留下来的宝藏的秘密。"

乌西和在场的人听到宝藏的秘密被揭开，都惊讶得瞪大了眼睛。乌西唯恐听错，又追问了一句："这可是真的？"

小个子看到大家都十分惊奇，很是得意，他接着说："肯定是真的。可是小派和米切尔并不想把这件事情告诉您，而想把珍宝挖出来私分。"

乌西问："你有什么证据？"

小个子拉过把他从山洞里解救出来的士兵，说："这个士兵可以作证，他看到了小派为了找到珍宝在地上挖的几个大坑。"士兵点了点头，承认确有此事。

乌西立刻怒火中烧，啪的一拍桌子，喝道："好个小派，你空难不死，多亏我们神圣部族救了你。你却恩将仇报，竟想私分我们祖宗留下的珍宝，真是可杀不可留。来人哪，把小派架出去烧死！"

乌西一声令下，四名士兵走到小派身边，两个人抓他的胳膊，两个人抓腿，一下子把小派举了起来。这样一来，可把米切尔吓坏了，他赶忙阻拦说："乌西首领，冤枉啊！根本不是那么回事。"

乌西根本不容米切尔解释，他站起来，指着米切尔说："把这个见利忘义、吃里爬外的家贼也烧死！"旁边立刻又上来四名士兵，他们像对待小派那样，把米切尔高高举过头顶。八名士兵步伐整齐地向屋外走去。此时再看小个子，他笑得脸都变了形。

眼看就要被抬出屋了，小派自言自语地说了一句话："把我烧死，你们就永远别想找到祖宗留下的珍宝喽！"

听了小派这句话，乌西双眉往上一挑，大喊一声："慢着！"又命令士兵把小派和米切尔放在地上。

乌西走近小派，一字一句地说道："如果你真的能把我们祖宗的珍宝找出来，我可以免你一死，还会送你去华盛顿参加数学竞赛。如果你找不到这批珍宝，那可就必死无疑了。"

小派眨巴眨巴眼睛说："如果我不知道珍宝的秘密，小个子说的就全是假的。你依据假情报要杀死我，岂不是冤枉好人吗？"

乌西点点头说："嗯，你说得有理。你现在就领我们去挖掘珍宝吧！"

两名士兵押着小派走在最前面，乌西、米切尔、白发老人及士兵们紧跟在后，小个子和黑铁塔以及一大群看热闹的人走在最后面，一群人浩浩荡荡地向北面的神秘山洞走去。

由于小派已经在埋藏珍宝的地方作了记号，所以他很快就找到了藏宝的地点。乌西命令士兵向下挖了足有5米深，只发现一个陶瓷瓶子，士兵把它交给了乌西。乌西拿着这个普通瓷瓶直皱眉头，心想：这么个小瓷瓶，能装多少珍宝？瓷瓶又这么轻，里面能装什么值钱的东西？

乌西打开瓷瓶往外一倒，什么金银珠宝都没有，飘飘悠悠只倒出一张纸条来。乌西急忙捡起来一看，上面写着：

寻找珍宝的人：

你已经揭开了蒙在珍宝上的第一层面纱，我应当祝贺你！但是，我还不知道，你是我的后代子孙，还是外来入侵者。我不能把所藏珍宝贸然交给你，你还要接受我的考验。

我们神圣宝岛的南端，是一望无际的沙滩。沙滩中有一块奇特的、酷似人头的望海石，它是我们宝岛的象征。我们部族的渔民捕鱼归来，远远就可以看见这块望海石。望海石像亲人一样，翘首盼望着渔民的归来，望海石是永存的。

以望海石为圆心，以20步为半径，画一个圆。找来100个人，让一个人站在正北的方向，其余人均匀地站在圆周上。把站在正北方向的人编为1号，然后依顺时针方向，将其他人编为2、3、4……99、100号。先让1号下去，接着让3号下去，这样隔一个下去一个，转着圈儿连续往下，最后必然只剩一人。连接圆心（望海石）和这最后一个人的方向，就是埋藏珍宝的方向。沿着这个方向，从望海石出发，走 125 步，在那里挖下去，就会发现宝藏！

忠于神圣部族的首领　麦克罗

1888 年 6 月 10 日

"啊！埋藏珍宝的老首领叫麦克罗。"乌西非常兴奋，因为这张纸条揭开了这位百年前老首领的名字之谜。

"走，到望海石去！"乌西一声召唤，人群跟他向南部沙滩走去。

小派远远就看见那块突出的望海石，它是一块闪光的黑色石头，很像一个人的头像，面向着大海。

乌西站在望海石下对大家说："我们要选出 100 个人围成一个圆圈，从我这儿向外迈 20 步。嗯，一步有多大？这 100 个人怎样均匀排开？唉，这都是问题呀！"

白发老人对乌西耳语了几句，乌西点点头说："我差点儿忘了，我们这儿有大数学家小派，请小派帮助我们解决这个问题，大家说好不好？"

"好！"大家异口同声，接着又响起一阵热烈的掌声。

盛情难却，小派对乌西说："好，我来解决这个问题。我一个人也不用，只给我一张纸、一支铅笔、一个圆规和一个量角器就可以了。"

"噢，这个简单。士兵，你快去给他拿这些用具。"乌西虽然如此说，对小派的做法却不甚理解。

小派先在纸上进行计算，乌西凑过来说："大数学家，你能不能边算边给我们讲，让我们也学点儿数学？"

"完全可以。"小派对着围拢来的人群大声讲了起来。他说："解决任何问题都要找出它的内在规律。如何去找它的内在规律呢？数学上常用的是经验归纳法，就是从若干个具体的事例中归纳出一般规律。"

乌西两眼发直，一个劲儿地摇头。小派知道他没听懂，接着说："我们先从简单的情况入手研究。比如说，不是100人围成一个圈，而是4个人围成一个圈。"

乌西顿时高兴起来。他说："4个人就简单多了，连我都会做。将4个人编号就是1，2，3，4。按照要求，1、3两号下去了，隔着4号，2号又下去了，最后剩下的是4号。"

"好极啦！完全正确。"小派高兴地说，"你再算一下5个人一圈、6个人一圈、7个人一圈，最后剩下的各是几号？"

"好的。"第一次的成功给乌西带来了勇气。他一个接一个地算了出来，小派把乌西算出的结果列了一个表：

一圈人数	最后剩下的号数
$4 = 2^2$	$4 = 2^2$
$5 = 2^2 + 1$	$2 = 1 \times 2$
$6 = 2^2 + 2$	$4 = 2 \times 2$
$7 = 2^2 + 3$	$6 = 3 \times 2$
$8 = 2^2 + 4$	$8 = 4 \times 2$

小派说："我从这几个数中可以归纳出一个一般规律：如果原来有（$2^k + m$）个人围成一个圆圈，按前面讲的办法一个一个下去，最后剩下的必然是 $2m$ 号。"

乌西着急的是找珍宝，他问："你找到的规律对寻找珍宝有什么用？"

小派回答说："有了这个规律，就不用真找 100 个人围圆圈，也不用真的去一次一次淘汰了，只要算一下就可以知道最后剩下的是几号。"

"真有那么灵？"乌西还是不太相信。

小派说："我算给你看看。将 100 写成 $2^k + m$ 的形式是 $2^6 + 36$，所以 $m = 36$，最后剩下的必然是 $36 \times 2 = 72$ 号。"

乌西说："那你把具体藏宝地点给找出来吧！"

"可以。"小派先画出一个大圆，定出正北方向，然后说，"把一个周角分成 100 份，每一份是 3.6°。72 号就占 72 份，以正北方向为始边，顺时针转动 259.2°，就

停留在 72 号位置了。或者从正北方向开始，逆时针转动
100.8°，也同样可以到达 72 号的位置。"

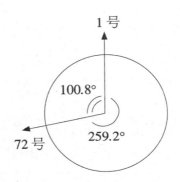

  小派利用这个方法，在地面上找到了 72 号的位置和
埋藏珍宝的方向。他们从望海石开始，用小派事先量好的
小绳——这段小绳长恰好是老首领麦克罗的一步长，向岛
内一共量了 125 次，得到了一个点。乌西命令士兵在这个
点上向下挖，士兵挖了一米深，什么也没发现，又往下挖
了一米，还是什么也没有！怎么回事？

  乌西急得一个劲儿地搓手，小个子在一旁不断地冷笑，
米切尔看着小派，小派却泰然自若，一点儿也不紧张。

  乌西问小派还要不要往下挖，小派摇了摇头。小个子
幸灾乐祸地说："我说首领，这小子成心骗您哪！"

  乌西望着小派，看他如何分辩。

  小派笑了笑，说："纸上写走 125 步，并没有指明是

向哪个方向走。既然向岛内方向走没有挖到，不妨再向岛外的方向走走看。因为从一点沿着一条直线走，是可以向两头走的。"

乌西略微想了一下，觉得小派说得有理，于是命令士兵用小绳向岛外再量 125 次。士兵不敢怠慢，急忙向岛外丈量，但是丈量到 115 次时，他停住了，因为这时已经到了海边，再往外丈量就要走进汪洋大海了。

士兵请示乌西，乌西转而问小派，小派坚决地说："一定要量到 125 步！"

看到小派如此坚决，乌西下令继续往海里丈量。士兵只好涉水往前，一直到 125 步为止，并在终点插了一根标杆。在水中怎么挖呢？小派叫士兵用石头和竹片围出一个圆圈，把圈中的水舀出来。好在近岸处水并不深，十几名士兵一起动手，很快就筑起一个小堤坝，把水舀了出来。

士兵们开始往下挖，挖了不到一米深，就碰到一件硬东西。他们小心翼翼地把这件东西挖出来，啊，是一个大陶罐！陶罐的封口打开了，里面满满装着珍珠、钻石和黄金。

乌西和在场的人非常高兴，大家欢呼跳跃。乌西把小派紧紧搂在怀里，连声道谢。

突然，一支乌黑的枪口顶在了乌西的后腰上。一个人大喊："不许动！把珍宝全部交给我！"

知识点 解析

约瑟夫斯问题

　　故事中，小派所解决的问题是著名的约瑟夫斯问题。约瑟夫斯问题的典型解法是经验归纳法，即从若干个实例中归纳出一般规律。

　　故事中，小派先从简单的情况入手，分别找出了4、5、6、7、8人围一圈时最后剩下的号数，从而找到一圈的人数与最后剩下号数之间的规律。运用这一规律时，找到 $2^k + m$ 中 k 的值是关键，可以用2整除一圈的人数，除到商小于2为止，除以2的次数就是 k 的值。

考考你

　　老猴子打算从75只小猴子中选一只作为下一届猴王，它以顺时针方向给每只猴子依次编号为1，2，3，4，5……，筛选时，先排除1号，接着排除3号，这样隔一个排除一个，最后必然只剩1只小猴子。请问是几号猴子当猴王？

派遣特务

乌西转过头来一看，惊讶地喊道："杰克，你这是干什么？不要开玩笑！"

"谁和你开玩笑！"小个子杰克冷冷地说，"两年前我回岛时，E国L珠宝公司和我签订了合同，如果我能找到这批珍宝，他们答应给我200万英镑的酬金，并让我当他们一个分公司的经理。我苦苦找了两年也没找到，没想到大数学家小派帮了我的大忙，这真叫'踏破铁鞋无觅处，得来全不费功夫'，我终于可以如愿以偿了，哈哈……"

一阵狂笑过后，小个子命令黑铁塔把罐子里的珍宝全部装进一只帆布口袋中。黑铁塔背起口袋在前面走，小个子又掏出一支手枪，用两支手枪对着大家，倒退着走，直到消失在树林中。

乌西简直气疯了，原来小个子才是真正的叛徒！他命令士兵立即前往树林追击。十几名士兵拿着武器在树林里搜寻了半天，连小个子的影子都没找到。真怪，他们会跑到哪儿去呢？

小派问米切尔："岛国地处偏远，小个子和 E 国怎么会有联系？"

米切尔叹了一口气，说："唉！我们神圣部族也不是和外界完全隔绝的。我们部族每年都要派遣几个聪明能干的人到外国去做买卖。小个子很聪明，又能说会道，我们部族常派遣他去。"

"噢，我明白了。"小派说，"E 国人早就知道你们的老首领藏有一批珍宝，他们利用小个子在国外做买卖的机会收买了他，把小个子作为 L 珠宝公司的特务派遣回了岛。"

"一点儿不错。"米切尔接着说，"小个子收买了身强力壮的黑铁塔，两个人狼狈为奸，夺走了这批珍宝！"

乌西哭丧着脸对小派说："大数学家，小个子和黑铁塔把珠宝抢走了，还要请你帮忙找到他们俩，把祖宗留下来的珍宝夺回来！"

小派说："小个子曾把神秘山洞的洞壁修改成椭圆形，用以偷听我和米切尔的谈话。从这件事就可以看出，小个子早就为夺取珍宝做好了一切准备。但是请您放心，我一定尽我的力量抓到他。"

乌西命令米切尔协助小派寻找小个子。为了以防万一，他发给米切尔和小派每人一支手枪。一场捉拿叛徒的战斗开始了。

小派和米切尔走进树林，发现这片树林并不大。树林后面是一座石头山，山腰上有许多大大小小的石洞。

米切尔介绍说："这座山叫'百洞山'，传说山上有100个大小不等的山洞。"

小派惊奇地问："真有100个山洞？"

米切尔笑了笑："小时候，我常到这座山上玩，我也不信有100个洞。所以我和小伙伴来了个实地勘察，把洞逐个编上号。我们用了整整10天的工夫，把所有的山洞都编上了号，一共是79个山洞。"

米切尔拉着小派就近走进一个山洞，在这个山洞的洞壁上，还可以清楚地看到刻在上面的数字"19"。

小派高兴地说："这是你们编的第 19 号山洞？"米切尔笑着点了点头。

小派指着山洞说："我估计小个子和黑铁塔就藏在某个山洞里。"

米切尔把袖口往上一撸，说："咱俩干脆从 1 号山洞开始挨个儿搜查，总能把他们俩抓到。"

"不成。"小派摇摇头说，"这样搜查太慢，而且容易打草惊蛇。"

"那你说怎么办？"米切尔没有什么高招。

小派问："这些山洞里有水吗？"

米切尔摇摇头说："山洞里虽然比较潮湿，但是没有水源。"

"嗯……"小派想了一下，说，"小个子在山洞里一定贮存了不少食品，但是饮水不好贮藏。这山上泉水挺多，他们晚上必然出来打水。到时候我们俩趁机摸上去，把他们俩一举歼灭！"

米切尔想了想，说："这倒是个好主意，只是山洞太多，又很分散，咱俩一个晚上只能盯住一个山洞，这么多山洞，我们要盯到哪一天哪！"

"不，不。"小派连连摆手说，"不能这样盯。咱俩一个在山顶，一个在山底，这样视野就开阔多了。咱俩发现情况时，及时向对方发信号，指明他们是从几号山洞出来的，咱俩再同时向这个山洞靠拢。"

"咱俩离那么远,喊话不成,拍手不成,怎么联系呢？"米切尔还是有点儿发愁。

小派想了一下，问道："百洞山的夜晚，经常有什么动物叫啊？"

"有猫头鹰和山猫。"说着，米切尔就学起猫头鹰和山猫的叫声。小派也跟着学，米切尔直夸小派学得像。

"我有个互相联系的好方法了！"小派在地上边写边说，"咱们采用二进制进行联系。二进制只有 0 和 1 两个数字，它的进位方法是'逢二进一'。我列个对照表，你就全清楚了。"

十进制数	0	1	2	3	4	5	6	7	8	9	10
二进制数	0	1	10	11	100	101	110	111	1000	1001	1010

米切尔挠挠头说："我还是没弄清楚，用二进制怎么联系？"

小派耐心解释说："用猫头鹰叫代表 1，用山猫叫代表 0。如果你听到我先学猫头鹰叫，再学山猫叫，最后又学猫头鹰叫，简单说就是鹰——猫——鹰，写出相应的二进制数就是 101，从对照表中可以查出对应的十进制数是 5，这表示我看见小个子从 5 号山洞走出来了。"

"噢,我明白了,如果我学叫的是鹰——猫——鹰——猫，相应的二进制数就是 1010，表示我看见小个子从 10 号山洞走出来了。嘿，真有意思！"米切尔转念一想，又说，"可是，如果小个子从 79 号山洞走出来，我不得叫上它一百多次?"

小派笑了，说："不会的。我用短除法把 79 化成二进制数，看看是多少。记住，每次都用 2 去除，一直除到商是 0 为止。"小派列了个算式：

```
2 | 79
2 | 39  …………余 1
2 | 19  …………余 1
 2 | 9  …………余 1
 2 | 4  …………余 1
 2 | 2  …………余 0
 2 | 1  …………余 0
   0  …………余 1
```

小派指着算式说："把右边所有的余数，由下向上排列，就得到 79 相对应的二进制数 1001111。"

米切尔笑着说："这样，我只要学鹰——猫——猫——鹰——鹰——鹰——鹰，7 次叫声。"

　　小派拍了一下米切尔的肩膀，说："怎么样？最多才叫 7 次嘛！可是，要记住化十进制数为二进制数的方法，否则你该不知道怎么个叫法了。"

　　米切尔忽然提了一个问题，他说："你接到我的信号，怎样把二进制数化成十进制数呢？"

　　"这个不难。"小派边写边说，"你只要记住下面的公式，注意这个公式是从右往左记最方便：

$$N=1\times2^6+0\times2^5+0\times2^4+1\times2^3+1\times2^2+1\times2^1+1\times2^0$$
$$=64+0+0+8+4+2+1=79。"$$

　　米切尔点点头说："我明白了。从最右边 2^0 开始，指数依次加 1，然后各项与二进制数相应的项相乘，再相加就成了。"

　　小派竖起大拇指说："你真聪明，一点就通。"

　　天渐渐黑了下来，两人收拾了一下，摸黑来到了百洞山。米切尔灵巧得像只猫，他很快就爬上了山顶，占据了有利地势。小派爬上了一棵树，一动不动地盯着前面的几个山洞。

　　夜晚的树林并不宁静，昼伏夜出的动物不时出现，并不时传来猫头鹰的叫声，但因为这叫声没有什么规律，所以肯定不是米切尔发出的信号。相比之下，小派更喜欢听那哗哗的海涛声。时间在一分一秒地流逝，小派既没有看见小个子的影子，也没听到米切尔发出的信号。真难熬呀！他的上下眼皮开始一个劲儿地打架，为了不让自己睡着，他用力掐自己的大腿。

突然，小派听到山顶上发出了叫声，规律是鹰——猫——猫——鹰，一连叫了三遍。小派心算了一下：在9号山洞。他连忙从树上溜了下来，拔出手枪，直奔9号山洞而去。

知识点 解析

把十进制整数转化为二进制

二进制数只有0和1两个数字，它的进位方法是"逢二进一"。十进制整数转化为二进制采用"除2取余，逆序排列"法，就是以短除法的形式用2整除十进制整数，记录每次除后的余数，除到商为0为止，将余数逆向排序就是二进制数。

考考你

把下面十进制的数转化为二进制。

11　　57　　100

山洞里的战斗

来到山洞，只见米切尔拿着手枪埋伏在洞口旁。米切尔小声对小派说："我刚才看见黑铁塔提着一个大水桶去打水，可是一直没看见小个子出来。"

小派说："咱俩等一会儿，先把黑铁塔抓住，盘问出山洞里的情况，然后再进洞捉拿小个子。"

米切尔点了点头，说："好，就这么办！"过了一会儿，只听远处传来沉重的脚步声，是黑铁塔打水回来了。小派和米切尔在洞口一左一右埋伏好，待黑铁塔刚刚到达洞口，两个人一齐蹿了出来。小派用手枪顶住黑铁塔的后腰，小声喝道："不许动！举起手来。"黑铁塔被这突如其来的变故惊呆了。他放下水桶，乖乖地举起双手。

米切尔从口袋里取出事先准备好的绳子，要把黑铁塔捆起来。黑铁塔一看，急了，一撅屁股把米切尔顶出好远，接着又一手推开小派，撒腿就往山洞里跑。他一边跑，一边高声叫喊："不好啦！小派和米切尔来抓咱们啦！"

小派和米切尔连忙跟了进去。只见洞里漆黑一片，小

派刚把手电筒打亮，从洞里啪地扔出来一块石头，将手电筒打灭了。

小派小声对米切尔说："你开枪掩护，我冲进去！"说完猫腰就要往里冲。

米切尔一把拉住小派，说："慢着！这个洞里情况十分复杂，支路岔路非常多，不熟悉情况的，即使拿着火把也很难走到最里面。"

小派问："你熟悉里面的情况吗？"

米切尔摇摇头说："我小时候进去过几次，但都只在洞口玩，因为大人不许我们往里走，怕走进去出不来。"

小派沉思了一会儿，说："洞里情况本来就复杂，这两年小个子肯定对这个山洞进行了改造，里面恐怕要成为迷宫了。"

"迷宫是什么玩意儿？"米切尔不了解迷宫。

"反正咱俩也不着急进洞，我简单给你介绍一下什么叫迷宫。"小派把枪口指向洞口，防止小个子出来，然后向米切尔讲起了故事，"古希腊有一个动人的神话传说：克里特岛上的国王叫米诺斯，他的王后生下了一个半人半牛的怪物，起名叫米诺陶，王后为了保护这个怪物的安全，请古希腊最卓越的建筑师代达罗斯建造了一座宫殿。宫殿里有数以百计的狭窄、弯曲、幽深的道路，有高高矮矮的阶梯和许多小房间。不熟悉路径的人，一走进宫殿就会迷失方向，别想走出来。后来人们就把这种建筑叫作迷宫。"

米切尔听上了瘾，忙问："迷宫是怎么保护怪物米诺陶的呢？"

小派说："怪物米诺陶是靠吃人为生的，它会吃掉所有在迷宫走失的人。这还不算，米诺斯国王还强迫雅典人每9年进贡7个童男和7个童女，供米诺陶吞食。米诺陶成了雅典人民的一大灾难。"

"那后来呢？"

"当米诺斯国王派使者第三次去雅典索取童男童女时，年轻的雅典王子忒修斯决心为民除害，杀死怪物米诺陶。忒修斯自告奋勇充当一名童男，和其他 13 名童男童女一起去克里特岛。"

"忒修斯真是好样的！"

"当忒修斯一行被带去见国王米诺斯时，公主阿里阿德涅为忒修斯的勇敢精神所感动，决心帮助王子除掉米诺陶。"

米切尔十分激动地说："一定是公主陪同王子一起进了迷宫吧？"

"不是。"小派说，"公主偷偷送给忒修斯一个线团，让王子在迷宫入口处把线团的一端拴在门口，然后放着线走进迷宫。公主还送给忒修斯一把魔剑，用来杀死米诺陶。忒修斯带领 13 名童男童女勇敢地走进迷宫。他边往里走边放线，终于在迷宫深处找到了怪物米诺陶。经过一番激烈的搏斗，忒修斯杀死了米诺陶，为民除了害。13 名童男童女担心出不了迷宫，会困死在里面，忒修斯带领他们顺着之前放的线，很容易就找到了入口，顺利地出了迷宫。

"咱们俩也学习忒修斯，弄一团线拴在洞口，然后进去捉拿小个子，你看怎么样？"

小派笑笑说："这只是一个神话传说。咱们也不知道这个山洞有多深，有多少岔路，带多大线团才够用？"

米切尔有点儿着急："那你说怎么办？"

小派沉着地说："其实走迷宫可以不带线团，你按下面的三条规则去走，就既能够走得进，也能够走得出：

"第一条，进入迷宫后，可以任选一条道路往前走；

"第二条，如果遇到走不通的死胡同，就马上返回，并在该路口做个记号；

"第三条，如果遇到了岔路口，观察一下是否还有没有走过的通道。有，就任选一条通道往前走；没有，就顺着原路返回原来的岔路口，并做个记号。然后就重复第二条和第三条所说的走法，直到找到出口为止。如果要把迷宫所有地方都搜查到，还要加上一条，就是凡是没有做记号的通道都要走一遍。"

米切尔一拍大腿说："好，就按你说的办法，我们来走一走小个子的迷宫！"

"嘘！"小派示意米切尔小点儿声，"别叫小个子听见了。"

两个人又小声商量了几句，一哈腰就都钻进了洞里。米切尔在前，小派在后，两人先走进最右边的岔路，没走多远就碰了壁。两个人又原路折回，在岔路口靠右壁的地方，小派放了一块石头。他们又走进相邻的一个岔路口，碰壁再折回，如此搜索下去。

米切尔有点儿着急，他小声对小派说："怎么回事？

咱俩搜寻了这么半天，连小个子的影子都没看见，莫非他们俩钻进地里了不成？"

小派安慰说："不能着急。我们还没搜索完哪！而且我们越往前走，遇到小个子的可能性也越大。"

"是吗？"米切尔不再说话，更加小心地往前搜查。

忽然，他们俩听到黑铁塔瓮声瓮气在讲话。黑铁塔说："杰克，你也太过于谨慎了。咱们躲在这里，让小派和米切尔找三天三夜也别想找到。你就把灯点上吧，黑灯瞎火的真叫人受不了。"

只见前面火光一闪，灯点亮了。借着亮光，小派看见小个子趴在一张行军床上，手里拿着枪，枪口向外，准备随时扣动扳机。黑铁塔坐在另一张行军床上，在大口地吃着什么。

小个子厉声说道："快把灯吹灭！小派这小子非常不好对付，谁敢说他现在不在我们附近？"说着，他从行军床上爬了起来，就要去吹灯，而黑铁塔护住灯，不让小个子吹灭。趁两个人争执的时机，小派小声说了一句："冲上去！"

"不许动！"小派和米切尔的枪对准了他们俩。

"啊！"黑铁塔惊叫了一声。

噗！小个子吹灭了灯。

砰！小派开了一枪。

"哎哟！"是黑铁塔中了弹。他像一头受了伤的野兽，在黑暗中乱踢乱打，小派和米切尔一时还制服不了他。米切尔下了一个脚绊，才把黑铁塔摔倒，压在地上。小派把灯点亮，看到黑铁塔右臂受伤，而小个子早就逃得无影无踪了。

小派问黑铁塔："小个子逃到哪儿去了？"

黑铁塔嘿嘿一阵冷笑，说："杰克是只狐狸，他早拿着珍宝跑了，你们别想抓到他！"

知识点 解析

有序思考巧走迷宫

故事中，小派提到的三条规则其实就是要求做到有序思考。有序思考是指按照一定的顺序，有条不紊地思考，达到不重复、不遗漏目的的一种良好的思维方式。这种思维方式对解决较复杂的数学问题，尤其是走迷宫这类问题大有帮助。

考考你

有三个数 3、6、8，任取其中的两个数求积，得数有几种可能？

智擒小个子

小派和米切尔虽然抓住了黑铁塔，但小个子拿着珍宝跑了。两个人押解着黑铁塔去见首领乌西。

不管怎样审问，黑铁塔就是咬紧牙关一言不发。看来，想从黑铁塔嘴里问出小个子的下落是不可能的。

怎么办？

乌西仍把捉拿小个子的任务交给小派和米切尔。小派一心要将小个子绳之以法，就痛快地答应了。

小派和米切尔坐下来，认真地研究该如何抓小个子。米切尔说："乌西已经下令全岛戒严，小个子想乘船逃走是不大可能的。"

小派点点头说："你分析得对。由于岛上山洞多，小个子可能还藏在某个山洞中。"

米切尔皱起眉头说："岛上大大小小的山洞那么多，要确切知道小个子藏在哪个山洞里，是十分困难的！"

"小个子总是要喝水的，他必须出来打水。要打水，就会暴露自己。"小派对此充满信心。

米切尔站起来，倒背双手来回踱着步。他说："海岛这么大，小个子又是在晚上出来打水，不容易被发现哪！"

"报告！"一名全副武装的士兵从门外跑进来，向小派和米切尔报告说，"我在天池值勤，看见小个子从狼牙洞出来，在天池里打了一壶水后，一溜小跑进了野猪洞。"

"狼牙洞？野猪洞？这两个洞在哪儿？"这个消息引起了小派的重视。

米切尔在地上画了个示意图，说："A 就是狼牙洞，B 就是野猪洞，以 O 为圆心的圆就是天池。天池原来是个死火山口，后来有了水，就形成了一个圆形的湖。"

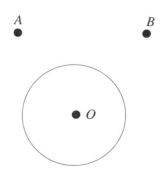

小派说："咱俩去这两个洞搜查一下，怎么样？"

"不成，不成！"米切尔连连摇头说，"这两个洞的洞口都不止一个，我们是堵不住他的。"

小派问："你有什么好办法吗？"

"好办法嘛……"米切尔拍了拍脑袋，说，"唉，如果我们能准确地知道小个子打水的地点，就可以把小个子生擒活捉。"

"这个问题我能解决。"

看到小派这么快就想出了对策，米切尔真是又惊奇又敬佩，他想：真不愧是大数学家呀！不论面对什么问题，立刻就能解答出来。

小派要来全岛的地图，又要了一个量角器。他把半圆形量角器的圆心，放在天池的圆周上移动，移动到 P 点时，小派说："找到了，小个子一定是到 P 点附近去打的水。"

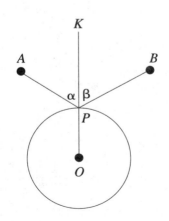

米切尔看着小派所做的一切，就像看魔术一样，既感到迷惑，又感到有趣。

米切尔问："你怎么用量角器在圆周上一转，就找到了小个子的取水点？你怎么知道小个子一定到 P 点取水呢？"

"说来也真凑巧。小个子到天池取水和数学上著名的古堡朝圣问题非常相似。我先给你讲一讲古堡朝圣问题吧！"小派开始讲了起来：

> 从前有一个虔诚的信徒，他本身是集市上的一个小贩。他每天从家里出来，先去圆形古堡朝拜阿波罗神像。古堡是座圣城，阿波罗神像供奉在古堡的圆心 O 点，而圆周上的点都是供信徒朝拜的顶礼点。

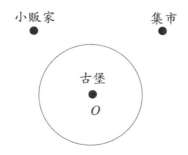

> 这个信徒想，我应该怎样选择顶礼点，才能使从家到顶礼点，然后再到集市的路程最短呢？

他百思不得其解，于是找到古堡里最有学问的祭司请教。据说祭司神通广大，可以和阿波罗神"对话"。但是，祭司的回答使他失望。

祭司回答说："善良的人哪，快停止无谓的空想吧！你提出的问题连万能的阿波罗神也无能为力。难道你还幻想解决这个问题吗？这个问题是永远解决不了的！"

米切尔听到这儿，长叹了一口气，说："这么说，连太阳之神——阿波罗都解决不了，别人就更没办法了。"

"嘻嘻！"小派笑了起来，"别听祭司瞎说，阿波罗神又不是数学家，他哪会解这类数学题？"

"嘘！不许说阿波罗神的坏话，我们神圣部族也是信奉阿波罗神的。"米切尔一副十分虔诚的样子，嘴里还嘟嘟囔囔地小声祷告着什么。

"哈哈！"小派看到米切尔祈祷的样子，越发觉得可笑，"其实这个问题，数学家已经解决了。"

"解决了？快说给我听听。"米切尔急切地想知道答案。小派又画了个图，他指着图说："如果能在圆周上找到一点 P，过点 P 作圆 O 的切线 MN，使得：$\angle APK = \angle BPK$，即 $\angle \alpha = \angle \beta$。那么，小贩沿着 $A \to P \to B$ 的路线去走，距离最短，这一点可以证明。"

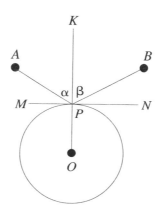

"能够证明？那你就给我证明一下，否则我不信！"米切尔使用了"激将法"。

"米切尔，可真有你的！"小派用力拍了一下米切尔的肩膀，接着边画边讲，"我先要给你证明一个预备定理：一条河，河岸的同一侧住着一个小孩和他的外婆。小孩每天上学前要到河边提一桶水送给外婆。请问，小孩到河边哪一点去取水，他所走的路程最短？"

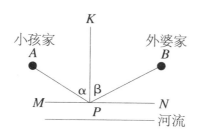

米切尔说："这个问题和古堡朝圣问题非常类似，不同的是，一个是圆形的水池，一个是直的河流。这个问题的结论又是什么？"

小派指着图说："如果能在河岸上找到一点 P，作 PK 垂直河岸，使得 $\angle APK = \angle BPK$，即 $\angle \alpha = \angle \beta$，$P$ 点就是要找的点。"

"嗯？结论和古堡朝圣问题的结论也相同！怪事！"米切尔越琢磨越有趣。

"我现在来证明 $AP + PB$ 是符合条件的最短路程。"小派说，"我在河岸上，除 P 点外再随便选一点 P'，只要能证明 $AP' + P'B > AP + PB$，就说明 $AP + PB$ 是最短距离。

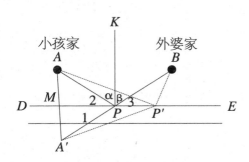

"连接 AP'、BP'。作河岸 DE 的垂线 AA' 交 DE 于 M，取 $A'M = AM$，连接 $A'P'$。"

"在 $\triangle A'BP'$ 中，由于两边之和大于第三边，可知

$A'P' + P'B > A'B$。

"由 AA' 的作法，可知 $\triangle AP'A'$ 和 $\triangle APA'$ 为等腰三角形，$A'P' = AP'$，$AP = A'P$。而 $A'B = A'P + PB = AP + PB$，所以有 $AP' + P'B > AP + PB$，而且 $\angle \alpha = \angle \beta$。

"用类似证明方法，也可以在古堡朝圣问题中证明 $AP + PB$ 距离最短。"

"我基本上明白了。可是，小个子未必知道这件事，他会选择这条最短路径吗？"米切尔还是有点儿担心。

"你放心吧！"小派安慰说，"小个子的数学相当不错，他不会不知道这个道理的。"

"既然这样，我倒有个捉拿小个子的好办法。"米切尔凑在小派耳朵边嘀咕了好一阵子，小派高兴地连连点头。两个人悄悄向天池走去。

天还是那么黑，天池的周围非常安静。过了一会儿，野猪洞里探出一个小脑袋，向左右望了望。见四周无人，他手提一把水壶快步跑到天池边弯腰打水。没错，他就是小个子。

小个子刚把水壶放进水里，忽然从水中蹿出一个人来。此人喊了声："你下来吧！"就把小个子拉下了水。小个子不会游泳，急得大喊救命。水中的人把小个子灌了个水饱，拖上岸来。小派趁小个子被水灌得神志不清时，赶紧把他捆了起来。水中的人爬上了岸，大家一定猜到这是谁了吧。

原来，米切尔知道了小个子打水的大概地点，就事先藏在水里，等小个子弯腰打水时，一把将他拉下了水。

活捉了小个子，小派和米切尔都十分高兴。

知识点 **解 析**

最短路线问题

古堡朝圣问题属于数学上的"最短路线问题"，解决方法是运用"两点之间线段最短"的公理，其应用常常要结合找对称点、平移、表面展开等知识。在解决完此类问题后，通常会通过找另外一个符合题目要求的点来对比验证，进一步确定选在此处能确保路线最短。

考考你

李大妈每天从家（A 点处）去河边挑水，到菜园里（B 点处）浇地。怎样设计才能使这条路线最短？（取水地点为 M）

黑铁塔交出一张纸条

小派和米切尔把小个子带到乌西的住所，由乌西亲自审问小个子。谁知小个子比黑铁塔还顽固，不管怎么问，他都是不停地冷笑。

怎么办？小个子和黑铁塔谁也不开口。

乌西命令士兵把小个子押下去，然后和白发老人、米切尔、小派商量，怎么才能把小个子藏起来的珍宝找到。

小派首先发言，他说："相比之下，黑铁塔要比小个子好对付。我们要抓住黑铁塔这个薄弱环节作为突破口，进行攻心战。"

"小派说得很对。"白发老人说，"黑铁塔虽说身高力大，可是心眼儿不多，一切全听小个子的摆布。如果他知道小个子也被捉住，顽固劲儿肯定要少一半。"

米切尔接着说："小个子把珍宝藏在哪儿，黑铁塔不会一点儿不知道，咱们就从黑铁塔下手，诈他一下！"

乌西高兴地点了点头，说："好！咱们就这么办！"

乌西下令提审黑铁塔。刚开始，黑铁塔还是咬紧牙关，什么也不说。

乌西一拍桌子，喝道："黑铁塔，你顽固到底只能罪上加罪，小个子杰克已经把一切都说了，你还等什么？"

"什么？杰克被你们捉到了？"黑铁塔故意把脑袋一歪，说，"你们是白日做梦！那个猴儿精，你们别想抓住他。"

乌西冲外面喊了一声："把小个子杰克带上来！"

两名士兵推推搡搡地把小个子带了进来。黑铁塔一看小个子真的被捉住了，顿时傻眼了，气也不那么壮了，脑袋也耷拉下来了。乌西命令士兵将小个子押走。

乌西又用力一拍桌子，吓得黑铁塔一哆嗦。乌西说："黑铁塔！你是想争取宽大处理呢，还是要一条道走到黑，自寻死路？"

黑铁塔扑通一声跪倒在地。他一个劲儿地向乌西磕头，嘴里不停地说："首领，饶命！我全说出来。小个子把珍宝藏在哪儿，我真的不知道。他只给了我一张纸条，叫我好好收藏。小个子说，如果他发生了意外，让我把这张纸条交给来取珍宝的人。"说着，他从内衣口袋里取出一个塑料袋，拿出塑料袋中的纸条，递给了乌西。

纸条上写着：

我把珍宝藏在百洞山40号开外的某号洞里。珍宝中金项链不止一条，金头饰也不止一个。如果把藏宝的山洞号、金项链和金头饰数量之和与全部珍宝数相乘，乘积为32118。

乌西问："你真的不知道藏宝的山洞号？"

黑铁塔哀求说："我真的不知道。小个子对我也并不放心，他知道我算不出山洞的号码，才敢放心把纸条交给我，叫我转交给取宝人。"

乌西把纸条递给小派，说："看来，还要请你这位大数学家帮忙喽！请你帮忙算出藏珍宝的山洞号码，并算出一共有多少珍宝。"

小派笑了笑，说："也亏得小个子想得出这样的题。"

米切尔对小派说："你边解边讲，让我也学点儿解题方法。"

"没问题。"小派边写边说，"可以设金项链和金头饰数量之和为 x，山洞号为 y，珍宝总数为 z。由于金项链不止一条，金头饰也不止一个，所以 $x \geq 4$；

"纸条上说山洞号为 40 号开外，而百洞山最大号数是 79，因此 $40 < y \leq 79$；

"这样可以得出一个条件方程：

$$\begin{cases} xyz = 32118 \\ x \geq 4 \\ 40 < y \leq 79 \end{cases}$$

"第一步列方程，做完了。"

米切尔摇摇头说："有等式又有不等式，这样的方程我从未见过。"

小派说："解这类问题，可以先把 32118 分解成质因数的连乘积，然后再根据不等式所给的条件逐一分析，最后确定出答案。32118 有 2、3、53、101 四个质因数，即：

$$32118 = 2 \times 3 \times 53 \times 101$$

"在乘积不变的前提下，4 个质因数可以搭配成 6 种形式：

$$2×3×5353 \quad 2×159×101$$
$$2×53×303 \quad 3×53×202$$
$$3×106×101 \quad 6×53×101$$

"由于 x、y、z 都不能小于 4，所以只有第 6 组符合条件。因此，金项链和金头饰一共有 6 件，珍宝藏在 53 号山洞中，珍宝总数为 101 件。"

乌西双手一拍，高兴地说："太好啦！算出这道题目，一切问题就都迎刃而解了。"乌西立刻命令士兵去百洞山的第 53 号山洞取珍宝。谁知士兵跑去一看，发现地上挖了一个大坑，小个子埋藏的珍宝已经被人取走了。

乌西听到这个消息，两眼发直，陷入深深的震惊之中。

知识点 解 析

分解质因数

故事中,把合数 32118 用几个质因数相乘的形式表现出来(32118=2×3×53×101)就是在分解质因数。对于一个合数,我们可以用能整除这个合数的最小的质数（2 或 3）去除,如果商是合数,就照上面这样继续去除,直到除得的商是质数为止,最后把除数和商写成连乘的形式,这种方法叫作短除法。用短除法来分解质因数简便、迅速。

考考你

有三个学生,他们的年龄一个比一个大 2 岁,三人年龄数的乘积是 1680。这三个学生的年龄各是多少岁?

珍宝不翼而飞

这批珍宝被谁取走了呢？乌西想起黑铁塔曾招认有一个身份不明的取宝人。看来，珍宝已被取宝人取走了。

米切尔提议再次提审黑铁塔，让他详细谈谈有关取宝人的情况。乌西点头同意了。

黑铁塔见事已至此，也就一切照实说了。他说："小个子对我说，如果有一个左手拿着一枝杏黄色月季花的人，问我'麦克罗好吗'，我就把纸条交给他。"

乌西进一步追问这个人是男是女，长什么样子，是不是神圣部族的人等问题时，黑铁塔一个劲儿地摇头，表示不知道。看来，关于取宝人的具体情况，黑铁塔确实所知甚少。

米切尔又建议提审小个子杰克。小派摇头说："提审小个子不会有什么结果的，他态度十分顽固。"

怎么办？几个人眉头紧皱，想不出什么好办法。

忽然，小派提了一个问题："大家分析一下，这个取宝人可能是神圣部族的人呢，还是外来人？"

经过多方面分析，大家认为是外来人的可能性大。

小派说："既然取宝人是外来人，这个人究竟是谁，恐怕连小个子本人也不知道。"大家觉得小派说得有理。

小派接着说："取宝人是外来人，我也是外来人，我来装扮取宝人，直接和小个子联系，你们看怎么样？"

乌西笑着说："大数学家，你怎么聪明一世，糊涂一时呢？珍宝已经被人取走了，你还去取什么？"

"不、不，你们上小个子的当了。"小派分析说，"我们一直在追踪小个子，他根本没时间和取宝人联系，而且我们也没有发现小个子和别人接触过。因此，我认为小个子成心在53号山洞挖了一个坑，造成珍宝已经被取走的假象，而埋藏珍宝的真正地点，我们可能还是不知道。"

小派的一番话让原本蒙在大家心头的疑云慢慢散去。但是，对于小派要假扮取宝人与小个子取得联系的设想，白发老人表示反对。

白发老人说："小个子心狠手辣，如果让他发现了你是假冒的取宝人，他绝对会对你下毒手的，那样你的处境就十分危险啦！"

小派语气坚定地说："中国有句俗语：'不入虎穴，焉得虎子。'近段时间也没有来岛国旅游的外国人，我是唯一从空中掉下来的外国人。请相信我能够成功！"

对于小派提出的方案，乌西拿不定主意，米切尔表示十分担心，白发老人则坚决不同意。但是，小派决心已定，坚持要试一试。为了让朋友们放心，小派把他设想的如何与小个子接头的方案详细说了一遍。

最后，乌西同意了小派的方案，并周密部署，确保小派的安全。夺回珍宝的行动开始了。

小个子躺在牢房的一张藤床上——所谓牢房，无非是一间结实的小木屋，月光透过窗户照在他瘦小的脸上。他毫无倦意，眼睛贼溜溜地乱转，心里在琢磨自己怎么会被他们捉住，下一步又该怎么办。

窗外传来规律的脚步声，是看守的士兵在来回走动。小个子翻了个身，还是想不出脱逃的办法。忽然，他听到沉重的咕咚声，像什么东西倒在了地上。小个子赶紧坐了起来，走到窗前往外一看，外面静悄悄的，不过看守他的士兵不见了。

正当小个子感到莫名其妙的时候，门锁咔嗒一声打开了。一个蒙面人闪了进来，他用纯正的英语对小个子说："快跟我走！"此时，小个子也来不及考虑这个人到底是谁，便跟着蒙面人溜出了小木屋，直奔百洞山。

一阵猛跑后，小个子累得一个劲儿地喘气。到了一棵

树下，蒙面人停住了脚步。小个子靠在大树上，喘着粗气说："你怎么跑得这么快？我跟不上你了。"

蒙面人说："不跑快点，被他们发现可就坏了。"

小个子说："我听你的声音怎么有点儿耳熟？你摘下面罩让我看看。"

蒙面人痛快地把面罩摘了下来。小个子定睛一看，惊得魂飞天外——这不是自己的死对头小派吗？

小个子后退一步，两眼直盯着小派问："你来救我？你想要什么花招？"

小派也不搭话，从口袋里取出一个塑料袋，从袋子里抽出一枝杏黄色的月季花。小派左手拿花，一本正经地问道："麦克罗好吗？"

这一举动大大出乎小个子意料，他结结巴巴地说："这……到底是怎么回事？"

小派冷静地说："你先不要问怎么回事，快回答我的问话！"

"这……"小个子一时语塞，接着眼珠一转，说，"噢，你问麦克罗呀！他早就不在人世了，不过他留下的东西还原封不动地保留着呢！"

小派说："我就是来取东西的，快把东西交给我！"

"交给你？"小个子嘿嘿一阵冷笑，说，"我藏的珍宝你们找不到，就想来骗我。你也不睁眼看看，我杰克是那么好骗的吗？"

对暗号

小个子根本就不相信小派会是 L 珠宝公司派来的取宝人。

小派向小个子分析了以下几点：

"第一，我是近期来岛的唯一的外国人，我来后就积极参与挖掘珍宝的工作。中国有句俗话叫作'不打不成交'，通过和你的斗争，我才确认你是真正的交宝人；

"第二，我的出现不能引起神圣部族的怀疑，所以 L 珠宝公司制造了飞机遇难事件，使我从天而降；

"第三，L 珠宝公司深知你精通数学，和你联系的方法也是解算数学问题，所以，才派了我这个'大数学家'来和你联系。

"综合以上三点，你还有什么怀疑的吗？"

通过小派的分析，再回想小派来岛后的表现，小个子点了点头，觉得这样的分析很有道理。

小个子按照和L珠宝公司事先达成的协议，开始考小派了。

小个子说："在前面的小岛上，我们设了一道关卡，用来检查进出本岛的船只。关卡修成正方形，每边都站有7名士兵。有一天，关卡来了8名新兵，他们非要上关卡与老兵共同站岗。可是我们神圣部族规定，关卡每边只能有7名士兵站岗，你说这事怎么办？"

小派立刻说："这事好办极了。按原来的站法，每个角上站3名士兵，每边中间站1名士兵；加上8名士兵后，让每个角上站1名士兵，每边中间站5名士兵就成了。"说完，小派画了两个图：

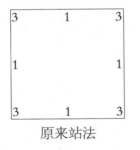

原来站法

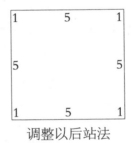

调整以后站法

小个子数了数，说："嗯，每边都是7名士兵。关卡上原来有16名士兵，调整后有24名士兵，正好多出8名士兵，一点儿也不错。"他好奇地问："你怎么算得这么快？"

小派笑着说："你提的这个问题太简单了。我来给你讲一个中国的方城站岗问题，可比你提的问题难多啦！"

一提到数学，小派就兴味盎然，滔滔不绝，同样身为数学迷的小个子，一听说小派要讲数学故事，也乖乖地站在那儿听。

　　小派说："我们中国有一句成语叫作'一枕黄粱'，讲的是一个穷书生卢生，在一家小店借了道士的一个枕头，当店家煮黄粱米时，他枕着枕头睡着了。梦中，他做了大官。可是，等他一觉醒来，发现自己还是一贫如洗，锅里的黄粱米还没煮熟呢。"

　　小个子点了点头，说："'一枕黄粱'这个成语我知道，可这和我出的题目有什么关系？"

　　"你别着急呀！"小派慢条斯理地说，"传说，这个做黄粱梦的卢生后来真的做了大官。一次番邦入侵，皇帝派他去镇守边关。卢生接连吃败仗，最后退守一座小城。敌人把小城围了个水泄不通。卢生清点了一下自己的部下，仅剩55人，这可怎么办？卢生左思右想，琢磨出一个退兵之计。他召来55名士兵，面授机宜。当天晚上，城楼上灯火通明，士兵举着灯笼火把在城上来来往往。番邦探子赶忙报告主帅，敌帅亲临城下观看，发现东、西、南、北四面城上都站有士兵。虽然各箭楼上士兵人数不相同，但是每个方向上的士兵总数都是18人，排法是这样的。"小派画了一个图（图①）。

　　小个子数了一遍，说："好，每边18个人，总数55人。"

　　小派接着说："敌帅正疑惑卢生摆的什么阵势，忽然守城的士兵又换了阵势——并没有看见城上增加新的士兵，可是每个方向的士兵变成了 19 人。"小派又画了一个图（图②）。

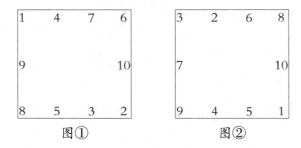

1	4	7	6
9			10
8	5	3	2

图①

3	2	6	8
7			10
9	4	5	1

图②

小个子又数了一遍，说："总数仍为 55 人，每边果真变成了 19 人。"

小派讲得来了劲儿，连比带画说："敌帅想，这是怎么回事？他百思不得其解。正当敌帅惊诧之际，城上每边的人数从 19 人又变成 20 人，从 20 人又变成了 22 人。"小派这次画了两个图（图③和图④）。

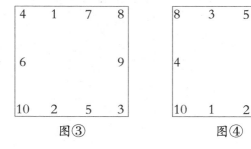

4	1	7	8
6			9
10	2	5	3

图③

8	3	5	6
4			7
10	1	2	9

图④

小派紧接着说："城上的士兵不停地改变着阵势，每个方向上的士兵数忽多忽少，变化莫测，一夜之间竟摆出了10种阵势，把敌帅看傻了！他没弄清这究竟是怎么回事，以为卢生会施法术，没等天亮就急令退兵了。"

"高，高！"小个子竖起大拇指说，"中国真是人才济济呀！"他眼珠一转，又说："按照我和L珠宝公司达成的协商，对暗号要做出三道题才行。"

小派点了一下头，说："好，你出第二道题吧！"

小个子眼珠转了两圈，阴笑着说："这道题可难哪，你可要好好听着：现在有9个人，每个人都有一支红、蓝双色圆珠笔。请每个人用双色圆珠笔写A、B、C三个字母，不管用哪种颜色的笔去写字母，但是必须保证相同字母的颜色也相同。你要给我证明：至少有两个人写出的字母颜色完全相同。"

"噢，你出了一道证明题。这可要难多啦！"小派笑着眨了眨眼睛，说，"不过，这也难不倒我。我用数字0代表红色字，用数字1代表蓝色字，那么用红、蓝两种颜色写A、B、C三个字母，只有如下8种可能。"小派写出：

0、0、0，即红、红、红；

1、0、0，即蓝、红、红；

0、1、0，即红、蓝、红；

0、0、1，即红、红、蓝；

1、1、0，即蓝、蓝、红；

1、0、1，即蓝、红、蓝；

0、1、1，即红、蓝、蓝；

1、1、1，即蓝、蓝、蓝。

小个子仔细看了一遍，说："没错，只有这8种可能。"

小派说："现在有9个人写A、B、C。那么，第9个人写出A、B、C颜色的顺序，必然和前8种中的某一种是相同的，因此也就证明了至少有两个人写出的字母颜色完全相同。对不对？"

"对，对。"小个子不得不佩服。

小派催促说："快把第三道题说出来，以免耽误时间。"

小个子摆摆手说："算了，算了！第三道题也难不住你。你快交给我200万英镑的酬金，我立即把珍宝交给你。"

小派想了想，说："好吧，你跟我走！"

一手交钱一手交货

小个子跟着小派直向海边跑去，跑到一半，小派忽然停了下来。

小个子问："怎么不走啦？"

小派说："咱们要一手交钱一手交货。钱在小船上，货呢？"

"我不会骗你的！"小个子着急地说，"你让我看看确实有200万英镑，我立即领你去拿珍宝。"

小派犹豫了一下，说："好吧，我先让你看看这200万英镑。跟我来！"

小派一哈腰，直奔海边跑去。到了海边，小派躲在一块岩石后面，掏出手电筒向海面发射信号，海面上也亮起手电筒回应。不一会儿，一条小木船出现了，一个人划着桨向海边驶来。

木船靠岸了，一个蒙面人从船上跳了下来，此人右手拿着手枪，左手拿着手电筒。蒙面人小声问道："我从来都是说谎的。请回答，我这句话是真话还是谎话？"

小派用手捅了一下小个子，问："应该怎样回答？"

小个子摇摇头说："不知道。"

小派把双手做成喇叭状，回答对方说："你说的肯定是谎话！"

对方又问："为什么是谎话？"

小派回答："如果你永远说真话，那么你说'我从来都是说谎的'是句真话，而永远说谎话的人怎么能说出真话呢？显然这种情况不会出现。我可以肯定你必然是有时说真话，有时说谎话，因此'我从来都是说谎的'必然是句谎话。"

对方回答说："你分析得完全正确，请过来看货。"

小派对小个子说："你等一下。"说完，和蒙面人跳上了小船，两人从船上抬下一个大箱子。小派把箱子打开一条缝，小个子用手电筒往里一照，箱子里全是一捆一捆的英镑。小个子乐得合不拢嘴，刚要伸手去拿，蒙面人眼疾手快地把箱子盖上了。

小派说："200万英镑你已经看见了，快领我去取珍宝吧！"

"好吧，跟我走！"小个子亲眼见到了钱，也就痛痛快快地领着小派去取珍宝。

两人朝着百洞山方向跑去。跑到79号山洞时，小个子停住了，回头对小派说："你在这儿先等一会儿，我进去取珍宝。"

小派摇摇头说："不成！你已经亲眼看到钱了，我要亲眼看到你取货。"

小个子略微想了想，说："好吧！不过你要跟紧我。"

小个子进了79号山洞，也不用手电筒照路，自如地在伸手不见五指的山洞里七拐八拐。小派在后面打着手电筒也跟不上，没过一会儿，小个子就不见了。不管小派怎么喊，小个子都没有回应。小派心想：坏了，上了小个子的当啦！

小派赶紧沿原路返回。他跑到海边一看，米切尔被捆在一棵椰子树上，树旁扔着刚才蒙面人戴的面具。小派再往海上看，只见小个子正划着那条小船向深海驶去。

小个子冲着小派哈哈大笑，说："小派呀小派，想在我面前耍花招，你这是'班门弄斧'啊！你知道吗？79号山洞有好多个洞口，我一拐弯儿，你就找不到我了，我拿了珍宝，早从另一个洞口出来了。现在，200万英镑我到手了，珍宝也没叫你们弄走，这叫'一举两得'。哈哈……"小个子越说越得意。

小派却并不气恼，他给米切尔解开绳子，笑着说："成，你扮演的角色很成功！"

米切尔用力拍了一下小派的肩膀，说："你演得也不错嘛！"两人相视哈哈大笑。

这是怎么回事呢？

小个子用力划着船，向深海疾驶。突然一声呼哨，十几条快船从海中一块大礁石后面闪出来，呈扇形飞速将小个子的小船包围起来。

首领乌西站在一条快船的船头，向小个子大喝道："杰克，还不赶快投降！"

小个子仰天长叹一声，说："唉！最后还是我上当啦！"说完，抱起装珍宝的箱子想往水中跳。两名士兵立刻跳上他所在的小船，将他按倒在船上，用绳子捆住了他的双手。

乌西带领船队靠了岸，抬下珍宝箱和装英镑的箱子。经过清点，101件珍宝一件不少。乌西又命令士兵打开装英镑的箱子，他信手拿出一捆英镑，抽去表面的第一张真英镑，里面都是废纸剪成的假英镑。小个子看罢，又连呼上当！

乌西问："杰克，你是否承认彻底失败了？"

"哼！"小个子轻蔑地说，"你们不要高兴得太早。珍宝究竟归谁，还要拭目以待！"

海外部经理罗伯特

也不知怎么回事，这两天许多外国旅游者接连来到岛上。他们被这里的美丽风光所吸引，以至于岛上随处可以见到他们的身影。小派得知其中有一艘豪华游船将开往美国，非常高兴，想搭乘这艘船去美国参赛。乌西亲自和船长联系，船长同意后，乌西为小派买了船票，准备第二天一早就送他出发。

为了感谢小派在寻找珍宝中做出的巨大贡献，乌西为小派举行了盛大的宴会，神圣部族所有头面人物都出席了。宴会上，美酒佳肴，欢歌笑语，好不热闹。神圣部族的成员本来就酒量大，再加上百年珍宝出土，宴会上大家大碗大碗地喝酒，以示庆贺。没等宴会散席，一个个已酩酊大醉，东倒西歪，语言不清了。

小派是滴酒不沾的。他吃了一点儿菜就悄悄地离开了宴会厅，准备回到住所整理一下行装。海岛的夜色特别美，一轮圆月高挂天空，月光给远处的沙滩涂上了一层银白色，海浪声和风吹椰树的沙沙声汇成了一首十分悦耳的乐曲，小派陶醉了。

突然，小派被一个口袋套住了脑袋，然后被人背在了身上。尽管小派拼命挣扎，无奈脑袋被口袋罩住，什么也看不见，他也束手无策。

走了大约 10 分钟，小派被放到了地上。摘下口袋，小派揉了揉眼睛，定睛一看，眼前是一块酷似人头像的黑色大石头，面向着海洋——这不是望海石吗？他再向左右一看，两边各站着一个膀大腰圆的青年人，对面还有一个50 岁左右的中年男子，三人正全神贯注地看着他。这个中年人衣着十分考究，留着八字胡，系着一条黑白条纹的领带，嘴里叼着一只烟斗。显然，这三个陌生人都是来岛上的外国旅游者。

中年人嘴边挂着得意的微笑，一边围着小派慢慢地踱着步子，一边说："我们E国L珠宝公司盯住神圣部族老首领麦克罗埋藏的珍宝，已有一个世纪了。前些日子，小个子杰克给我们发来了情报，说一名叫小派的中国学生帮助他们找到了这批珍宝。紧接着他又发来情报，说他已经把珍宝弄到手了，让我们赶紧派人来接这批珍宝。谁知，第三次情报中，杰克竟然询问你这个小派是不是L珠宝公司派来取珍宝的人。他说你已经答对了规定暗号的前两道题。我一想，不好，出事了！所以这次我只好亲自出马喽。"

小派警惕地问："你是谁？"

旁边的一个青年说："这是我们L珠宝公司海外部经理罗伯特先生。"

罗伯特点了点头，说："E国本土以外的珍宝买卖、特工人员的派遣，全部由我负责。我从来没有派遣你小派来取珍宝呀！"

小派把头一扭，哼了一声。

罗伯特笑了笑，说："幸好，小个子杰克留了个心眼儿，没有把三道题目都对你讲，只讲了两道。其实，他把第三道题告诉你，你也答不出来。"

小派摇摇头说："我不信。"

"不信你就听着。"罗伯特说，"威力无比的太阳神阿波罗要经常巡视他管辖的三个星球。他巡视的路线是：从他的宫殿出发，到达第一个星球视察后，回到自己的宫殿休息一下；再去第二个星球视察后，又回到自己的宫殿休息；最后去第三个星球视察后，再回到宫殿。一天，阿波罗心血来潮，想把自己的宫殿搬到一个合适的位置，使自己巡视三个星球时，所走的路程最短。你说，阿波罗选择什么地方建宫殿最合适？"

小派把眼一瞪，说："你没有告诉我这三个星球的位置，我怎么解呀？"

"随便找三个点就行。"罗伯特随手在地上画了一下。

小派稍微想了一下，说："我把这三个星球分别叫作 A、B、C 点，连接这三点构成一个三角形。这样一来，问题就转化为一个数学问题了：求一点 O，使得 $OA + OB + OC$ 最小。"

罗伯特点了点头，说："大数学家果然名不虚传。"

小派连说带画："以 $\triangle ABC$ 的三边为边，依次向外作三个等边三角形：$\triangle ABC'$，$\triangle BCA'$，$\triangle ACB'$。连接 CC' 和 BB'，两线交于 O，则 O 就是阿波罗建宫殿的位置。"

罗伯特吸了一口烟，又缓缓吐出烟雾。他不慌不忙地问："你这是什么道理呢？"

"道理嘛，可就要难一点儿。"小派眨巴着大眼睛问，"你不怕证明过程比较复杂吗？"

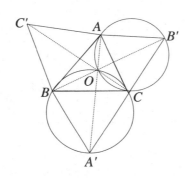

罗伯特笑了笑，说："不怕，难题证明起来自然要花点儿力气！"

"不怕就好。"小派说，"这个问题要分两部分来证明。你看这个图，我连接OA，先来证明A、O、A'三点共线。"

小派向旁边的青年要了一张纸、一支笔，开始写出第一部分证明：

由于你画的三角形每个角都小于$120°$，所以O点必在$\triangle ABC$的内部。

在$\triangle ABB'$和$\triangle AC'C$中，

$\because AB' = AC$，$AB = AC'$（等边三角形两边相等），

又 $\because \angle BAB' = \angle BAC + \angle CAB' = \angle BAC + \angle C'AB = \angle C'AC$，

$\therefore \triangle ABB' \cong \triangle AC'C$（边，角，边）。

由于全等三角形的对应高相等，所以 A 点到 OB'、OC' 的距离相等，A 点必在 $\angle B'OC'$ 的角平分线上。

$\because \angle AB'B = \angle ACC'$（全等三角形中对应角相等），

$\therefore B'$、C 点必在以 AO 为弦的圆弧上，也就是 A、O、C、B' 四点共圆。

$\because \angle COB' = \angle CAB' = 60°$（圆弧上的圆周角相等），

$\therefore \angle BOC = 180° - 60° = 120°$，

那么 $\angle BA'C = 60°$，

因此 A'、B、O、C 一定共圆。

$\because A'B = A'C$，

$\therefore \overset{\frown}{A'B} = \overset{\frown}{A'C}$（同圆中等弦对等弧），

$\angle A'OB = \angle AOC$（同圆中等弧上的圆周角相等），

$\therefore OA'$ 为 $\angle BOC$ 的角平分线。

又 $\because \angle BOC$ 与 $\angle B'OC'$ 为对顶角，

∴ A、O、A' 三点共线。也就是说 AA'、BB'、CC' 三线共点。

小派抬起头来问罗伯特："你看懂了吗？"

"哈，哈。"罗伯特干笑了两声，说，"我是数学系毕业的，能连这么个简单的证明都看不懂？笑话！"

"嗯？"小派好奇地问，"你是学数学的，怎么干起偷盗人家国宝的缺德事？"

罗伯特磕掉烟斗里的烟灰，说："不干缺德事，挣不了大钱哪！数学再美好，也变不成金钱！"

"哼，学数学的怎么出了你这么个败类！"小派狠狠瞪了罗伯特一眼。

罗伯特摆摆手说："废话少说，你快把第二部分给我证明出来！"

小派没说话，低头写了起来：

∵前面已证明 O、C、B'、A 四点共圆，

又 $\angle AB'C = 60°$，

∴ $\angle AOC = 120°$。

同理可证 $\angle BOC = \angle BOA = 120°$。

如下图，过 A、B、C 分别作 OA、OB、OC 的垂线，两两相交构成新的三角形 $\triangle DEF$。

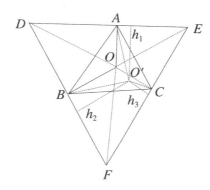

$\because \angle AOB = \angle BOC = \angle AOC = 120°$ ，

$\therefore \angle D = \angle E = \angle F = 60°$ ，

即 $\triangle DEF$ 为等边三角形。

设等边 $\triangle DEF$ 的边长为 a，高为 h。

$\because S_{\triangle DEF} = \dfrac{1}{2} ah$，

又 $\because S_{\triangle DEF} = S_{\triangle DOE} + S_{\triangle EOF} + S_{\triangle FOD}$

$$= \dfrac{1}{2} a \left(OA + OB + OC \right)，$$

$\therefore OA + OB + OC = h$。 ………… （1）

任取异于 O 的点 O'，由于 O' 点的位置不同，可分 O' 点在 $\triangle DEF$ 的内部、边上、外部三种情况进行讨论。

我们先讨论 O' 在 $\triangle DEF$ 的内部。

可由 O' 点向 $\triangle DEF$ 三边分别引垂线 h_1、h_2、h_3，再连接 $O'A$、$O'B$、$O'C$。

∵斜线大于垂线，

∴ $O'A \geq h_1$，$O'B \geq h_2$，$O'C \geq h_3$。 ············（2）

∵ $S_{\triangle DEF} = S_{\triangle DO'E} + S_{\triangle DO'F} + S_{\triangle EO'F}$，

而 $S_{\triangle DEF} = \dfrac{1}{2}ah$，

又∵ $S_{\triangle DO'E} + S_{\triangle DO'F} + S_{\triangle EO'F} = \dfrac{1}{2}a(h_1 + h_2 + h_3)$，

∴ $\dfrac{1}{2}ah = \dfrac{1}{2}a(h_1 + h_2 + h_3)$，

$h = h_1 + h_2 + h_3$。 ···············（3）

由（1）（2）（3）式可得：

$O'A + D'B + O'C \geq h_1 + h_2 + h_3 = h = OA + OB + OC$，这就证明了 O 点到 A、B、C 三点距离之和最短。

类似的方法可证明 O' 在△DEF上及△DEF外的情况。

小派把证明结果往罗伯特面前一推，说："第二部分证明完了，你自己看去吧！"

罗伯特把证明过程仔细看了两遍，点了点头，说："难怪他们叫你大数学家，这么难的历史名题，被你轻轻松松就解出来了。"

小派说："题目我给你做出来了，是不是该放我走了？

我明天要乘船去华盛顿，今天要收拾一下行李。"

"去华盛顿？那太容易了。港口停泊的那艘豪华游船就是我们 L 珠宝公司的，可以随时为你服务。不过……"罗伯特讲到这儿，又把话停住了。

"不过什么？你有什么话痛痛快快地说出来，不用装腔作势！"小派一点儿也不客气。

"好！既然你喜欢痛快，那我就直说了吧！"罗伯特猛地吸了一口烟，"我们 L 珠宝公司盯住神圣部族的这份珍宝已经很长时间了，今日它被发掘出来，我们怎么会轻易放手呢？我们想请你帮忙，帮我们把这批珍宝弄到手！"

小派拒绝说："对不起，我帮不了你们的忙。"

罗伯特摆摆手说："不要把话说绝了！如果你能帮我们把珍宝弄到手，我们就把原来答应给小个子杰克的 200 万英镑给你。你知道 200 万英镑有多少吗？它可以买一座城市！"

小派笑了笑，说："200 万英镑买一座城市？哪有那么便宜的城市？你不用骗我，我也不稀罕你那 200 万英镑。"

罗伯特双眉一皱，说："你执意不同意，那就别怪我不客气了！伙计们，给他点儿颜色看看！"两名打手拿出一根绳子，把小派的双手捆在一起，准备把他吊在树上。

将 计 就 计

小派一想：这可使不得！把我的手吊坏了，我怎么去参加奥林匹克数学竞赛呀！看来和这帮强盗硬碰硬不行，要实行缓兵之计。

小派高声喊道："慢，慢！咱们有话好商量嘛！"

罗伯特见小派态度有所转变，非常高兴，忙对两名打手说："快给他松开绳子！"

小派揉了揉手腕，问："我怎样帮你们弄到珍宝？"

"很简单。"罗伯特走近小派，小声对他说，"你现在马上返回宴会厅，趁着他们酒醉未醒的大好时机，提出要最后看一看这批珍宝。由于你在寻找珍宝中有头功，他们不会不让你看的。只要他们把珍宝摆出来，我就带着事先埋伏好的手下冲进去，一举将珍宝拿下。"

小派点点头说："是个好主意。我的赏金 200 万英镑还给不给？"

"给，给，一定给！我说话一定算数！"罗伯特显得十分激动。

小派眼珠一转，问："你带的手下人数够吗？你别忘了，这是在神圣部族的土地上。神圣部族的成员个个骁勇善战，弄不好连我带你们全部完蛋！"

"不会的。我这次来岛的目的就是夺取这批珍宝，怎么会不多带几个手下呢？你尽管放心好啦！"罗伯特有意回避这个话题。

"你不告诉我人数可不成。"小派十分认真地说，"我不能拿自己的生命开玩笑。如果就来了你们三个人，我这样干就等于送死呀！"

"看来,你是非知道人数不可呀！好吧,我来告诉你。"罗伯特有意讲得很慢，他一字一句地说，"我一共带来了x个人，用$\frac{x}{2}$个人包围宴会厅；用$4\sqrt{x}$个人来保卫游船；用 6 个人来解决哨兵；3 个人抢夺珍宝；1 个人活捉首领乌西。用乌西做人质，送我们安全撤回到游船上。怎么样？把底儿都交给你了，请你按计划行事吧！"

小派点了点头，就朝宴会厅走去，他边走边心算：

先列出方程

$$\frac{x}{2}+4\sqrt{x}+6+3+1=x,$$

这是个无理方程。可设$\sqrt{x}=y$，$x=y^2$，原方

程可以化为

$$\frac{1}{2}y^2 + 4y + 10 = y^2,$$

整理得 $y^2 - 8y - 20 = 0$,

解得 $y_1 = 10$, $y_2 = -2$（舍去）,

所以 $x = 100$。

小派心算出答案，心中不免一惊：罗伯特带来 100 名武装强盗，人数可真不少啊！小派边走边琢磨：怎么才能把情报通知给神圣部族的成员呢？

小派很快走到了宴会厅，他在门口犹豫了一下，然后快步走了进去。乌西一见小派进来，十分高兴，端起一杯酒，晃晃悠悠地走了过来，他对小派说："怎么回事？今天是给你开欢送会，你怎么跑出去了？要罚你喝三大杯酒！"小派知道这位首领喝得差不多了，跟他说什么都没用。

米切尔也走了过来，他虽然也喝得满脸通红，但神志还算清醒。小派想：我应该把情报尽快告诉米切尔。

今天参加宴会的还有一些旅游者的代表，罗伯特就是代表中的一个，他已先于小派进入宴会厅。小派数了一下，此时宴会厅里有四名旅游者代表。不用说，其中三个人等着抢夺珍宝，一个人准备捉拿首领乌西。小派明白，直接用英语对米切尔说明情况是不可能了，他在这四个人监视之下，必须按罗伯特事先教他的话来说。

米切尔拍着小派的肩膀问："你到哪儿去了？走了这么半天。"

小派笑了笑，说："今天晚上月色特别好，我到外面散了散步。我听到了猫头鹰和山猫的叫声，声音很吓人！"说完，小派就学起猫头鹰和山猫的叫声，这叫声立刻引起了在场人的注意。

乌西挑着大拇指说："小派，你真行，学得非常像！"

罗伯特走近小派，笑着说："大数学家好兴致呀！学起猫头鹰和山猫的叫声。你可别忘了，猫头鹰的主要任务是捉老鼠，它不捉老鼠就只有死路一条。"说完，罗伯特用装在上衣口袋里的手枪捅了一下小派的后腰。

尽管罗伯特这一动作十分隐蔽，但还是被眼尖的米切尔看在了眼里。米切尔想起以前和小派约定过，用猫头鹰和山猫的叫声传递数字，再想到岛上刚刚发掘出珍宝，就来了这么多旅游者，而现在并不是旅游季节，这些旅游者来岛上干什么？莫非……

米切尔脑子里闪过一个危险信号，他对小派说："你学得真好听，能教教我吗？不过，你要叫得慢一点儿。"

"好的。"小派爽快地答应了，"鹰——鹰——猫——猫——鹰——猫——猫。"米切尔认真地听着，并让小派再学叫一遍。

米切尔哈哈大笑一阵以后，走到一旁，掏出笔来进行计算：鹰代表 1，猫代表 0。小派通知我的二进制数是 1100100，把它化成十进制数是：

$$1\times 2^6+1\times 2^5+0\times 2^4+0\times 2^3+1\times 2^2+0\times 2^1+0\times 2^0$$
$$=26+25+22$$
$$=64+32+4$$
$$=100$$

"啊，来了 100 名武装匪徒抢夺这批珍宝，这可不得了！要赶快通知首领乌西才行。"可是，米切尔扭头一看，乌西今天很高兴，喝了很多酒，头脑有点儿不清楚。米切尔把这里发生的一切，用神圣部族特有的语言告诉了白发老人。

白发老人毕竟见多识广，他叮嘱米切尔不要慌张。因为按照神圣部族的规定，只有首领才有权调动军队，别人说的都不算数，因此，必须让乌西尽快清醒过来。怎么办？

白发老人与米切尔半开玩笑似的把乌西搀到了一旁。白发老人说："这里有上等的美酒，你快来喝呀！"说完，从水桶里舀起一瓢凉水，倒在乌西的头上。

白发老人的举动引起了轰动，在场的人笑得前仰后合，都认为白发老人开了一个大玩笑。

这一瓢凉水把乌西浇醒了，白发老人小声把当前的危急情况告诉了乌西。乌西听到这个消息，吃了一惊，酒劲儿全过去了。

小派见时机已到，就走到乌西面前，说："首领，我帮助贵部族找到了祖宗留下的珍宝，可是到目前为止，我还没有认真欣赏过这些宝贝。你能不能把这些珍宝拿出来，让大家欣赏欣赏？"

"这个……"乌西抹了一把脸上的水，显得很犹豫。

罗伯特走到小派身后，又用口袋里的枪顶了一下小派，示意他赶紧让乌西把珍宝拿出来。

小派假装满脸不高兴地说："我明天就要走了，看一眼珍宝你都舍不得，你也太抠门儿啦！真不够朋友！"

罗伯特也在一旁插话道："让我们这些旅游者也欣赏欣赏，饱饱眼福吧！"

乌西琢磨了好半天才说："你们想看看也成，不过这批珍宝是我们部族的宝贝，为了防止意外，我必须派兵保护！"

听说要派兵保护，罗伯特脸色陡变，他恶狠狠地盯着小派，意思是问：是不是你透露了风声？

小派假装没看见，笑着说："你不会是舍不得让我们看珍宝，所以派许多士兵来吓唬我们吧？"

"哪里，哪里。"乌西笑着摆了摆手，立即用神圣部族的语言命令卫队长去把珍宝带来。

没过多久，在八名全副武装的士兵保护下，两名侍从把装珍宝的箱子抬了进来。接着，一大群看热闹的岛上居民呼啦啦拥进来，把宴会厅挤得满满的。

此时，罗伯特脸上的表情是最难以捉摸的：厅内来了士兵，又来了这么多群众，怎样下手抢珍宝呢？不动手抢吧，这恐怕是最后一次机会了。明天一早，游船就要起航，完不成抢夺珍宝的任务，L珠宝公司的大老板决不会饶过自己，真是左右为难哪！

罗伯特暗中一咬牙，机不可失，时不再来。此时不下手，更待何时？罗伯特忽然从口袋里拔出手枪，枪口朝天砰砰开了两枪。这是罗伯特向众匪徒下的行动命令。罗伯特刚想冲上去抢夺珍宝，只觉得两只手像被铁钳子钳住似的疼痛难忍，手枪也掉在了地上。他四顾一看，只见左右各站着一名神圣部族成员，这两个人好似两尊铁塔，四只粗壮的大手紧紧攥住了自己的手臂。再看同伙，也都被看热闹的人制服了，罗伯特大呼："上当！"

罗伯特被押出了宴会厅，走到外面，只见站着一排人，个个低着头，他们后面则是拿着武器的神圣部族的士兵。

　　不用问，低着头的那一排人全是自己的同伙。罗伯特一数，不多不少正好 99 人，加上自己刚好 100 人。罗伯特的嘴角忽然现出一丝冷笑，他大步走到队伍中，低下了头。

　　乌西从宴会厅里走出来，对罗伯特等 100 名外国强盗说："100 年前，你们就来欺负我们。100 年后，你们又来抢夺我们的财宝，你们欺人太甚！"正说到这儿，只听轰的一声，宴会厅里发生了爆炸，一时浓烟滚滚，火光冲天。乌西大喊了一声："啊呀！珍宝全完啦！"

知识点 解析

把二进制整数转化为十进制

故事中，米切尔通过暗号将二进制整数转化成十进制，最后知道了抢夺匪徒的人数。把二进制整数转化成十进制的方法是，从右往左数，依次将第 n 位的数乘以 2^{n-1}，然后求和。

考考你

把下面二进制的数转化为十进制。

11111   10101   01010

跟踪追击

宴会厅发生爆炸，乌西最关心的是里面的珍宝有没有受损。他转身跑进宴会厅，只见里面的桌椅板凳被炸得东倒西歪，装珍宝的箱子却不见了。

"哎哟，这可怎么好啊！我把祖宗留下来的宝贝给弄丢啦！"乌西急得捶胸顿足，不知如何是好。

白发老人在一旁劝说："首领，万万不可着急。爆炸一定是罗伯特这帮外国强盗干的，珍宝也一定是他们偷的，找他们算账就行！"

乌西觉得白发老人说得有理，他跑出宴会厅，一把揪住了罗伯特，厉声问道："是不是你把珍宝偷走了？"

罗伯特一阵冷笑，说："我偷走了？你去仔细找找，看看少了谁？少了谁就是谁偷走了。"

乌西命令士兵们仔细寻找，发现神圣部族的人一个不少，只少了两名旅游者，另外，小派也不见了！

"小派不见了！他会上哪儿去呢？"乌西和白发老人都很纳闷，米切尔更是急得不得了。

罗伯特在一旁幸灾乐祸地说："哈哈，是小派把珍宝偷走了，小派是我雇用的间谍，你们上他的当啦！"

"不可能！"米切尔在一旁十分肯定地说，"小派不可能是间谍！"

"信不信由你喽！"罗伯特吹了一声口哨，打了一个响指，一副满不在乎的样子。

罗伯特傲慢的态度激怒了乌西，他大喝一声："把这批外国强盗关起来！"士兵们把 E 国"游客"押了下去。

小派去哪儿了？这成了大家议论的中心。有的怀疑小派把珍宝偷走了，因为是小派提出要看看珍宝的；有的怀疑小派被人劫持了；有的说小派被爆炸吓坏了，不知躲到哪个山洞里去了。

白发老人摇了摇头，独自走进了宴会厅。他仔细观察爆炸现场，想从中找出点儿蛛丝马迹。突然，白发老人在墙板上发现用圆珠笔写的一行算式和一个箭头：

$$已知 x^2 + x + 1 = 0, \ 求 x^{1991} + x^{1990} \Rightarrow$$

白发老人悄悄把米切尔叫过来，和他一起研究这是什么意思。米切尔非常肯定墙板上的这些字是小派留下的。

米切尔说："我们要先把这个问题的答数算出来，再进行研究。"

白发老人点点头说："说得有理。不过，我不会算数学题，只好由你来了。"

"我来试试。"米切尔开始演算起来：

$$\because x^2 + x + 1 = 0，两边同时乘以 x - 1，$$

$$\therefore (x - 1)(x^2 + x + 1) = 0。$$

即 $$x^3 - 1 = 0，$$

$$x^3 = 1。$$

$$
\begin{aligned}
x^{1991} + x^{1990} &= x^{1989}(x^2 + x) \\
&= x^{1989}(-1) \quad (\because x^2 + x = -1) \\
&= (x)^{663 \times 3}(-1) \\
&= (x^3)^{663}(-1) \\
&= 1 \times (-1) \\
&= -1。
\end{aligned}
$$

米切尔又仔细检查了一遍，没有发现错误。他对白发老人说："答案是 -1，不知是什么意思。"

白发老人沉思了片刻，问："负数表示什么含义？"

米切尔回答说："负数是正数的相反数。"

白发老人又问："如果说向东走了 -10 米，是什么意思？"

米切尔说："那就表明，他是向西走了 10 米。"

"好啦！"白发老人双手一拍，说，"-1 中的负号告诉我们，小派所走的方向与箭头所指的方向相反。"

"由于 -1 的绝对值是 1，小派告诉我们偷走珍宝的绝对是 1 个人。哈哈，谜底终于揭晓啦！"米切尔显得非常高兴。

白发老人向乌西汇报了情况后，要求和米切尔一起追击偷走珍宝的强盗。乌西同意了，并给他们俩各发了一支手枪。白发老人和米切尔向箭头所指方向的反方向追去。

白发老人问："米切尔，你说小派是在跟踪偷珍宝的人呢，还是被人俘虏了？"

米切尔说："如果小派是在跟踪人家，他可以明白地写出匪徒的数量和去向。既然小派用这种隐蔽的算式来暗示，就表明他没有办法把情况明白地写出来。"

米切尔分析得一点儿没错。刚才宴会厅里一场混战，大家都跑到外面看俘虏去了，放在厅内的珍宝便无人看管了。小派怕出意外，没敢出去。

突然，房顶上一响，一个人从宴会厅的天窗跳下来。此人四十多岁，海员打扮，身高体壮，留着大胡子，右手拿着一支无声手枪。他用枪逼住小派，说："快，把珍宝箱子扛起来跟我走！"

"等一等，让我穿好衣服。"小派把鞋提了提，腰带

紧一紧，然后问，"咱们往哪儿走？"大胡子站到各个窗口前向外看了看，然后向东一指，说："朝这个方向走！"他又打开装珍宝的箱子看了看。小派趁他往箱子里看的时机，在墙上写下了算式和箭头。

小派扛着箱子从东面的窗户钻了出去，大胡子拿着无声手枪紧跟在后面，他一路上不断催促小派："快，快走！"

紧走了一阵，小派把箱子放到地上，喘了几口粗气，问："你到底要去哪儿？我可走不动啦！"说完就一屁股坐在了地上。

大胡子恶狠狠地说："去3号海轮，就在前面，快走！

不快走我毙了你！"

小派双手一摊，说："把我枪毙了，谁替你扛这么重的箱子？"说完随手在地上写了两行算式：

$$\lg \sqrt{5x+5} = 1 - \frac{1}{2}\lg(2x-1)$$

$$S_\triangle = \sqrt{s(s-a)(s-b)(s-c)}$$

大胡子看了看，问："你写这两行算式干什么？"

小派说："我要参加国际数学竞赛，不经常复习怎么成啊？"

大胡子没看出个所以然，就命令小派说："你还有心思复习数学？站起来，扛着箱子快走！"

小派一副无可奈何的样子，扛着箱子向 3 号海轮走去。

白发老人和米切尔很快就追了上来，他们发现了小派留下的线索，白发老人问米切尔这两个算式有什么含意。

米切尔看了看，说："上面一个是个对数方程，可以求出它的解来。下面一个嘛，就是一个公式，叫作……对，叫作海伦公式。我先来解这个对数方程。"说完，他就忙着解起来：

$$\lg \sqrt{5x+5} = 1 - \frac{1}{2}\lg(2x-1)$$

由对数性质知　$1 = \lg 10$，

$$\frac{1}{2}\lg(2x-1) = \lg\sqrt{2x-1},$$

原方程变形为

$$\lg\sqrt{5x+5} = \lg 10 - \lg\sqrt{2x-1},$$

$$\lg\sqrt{5x+5} + \lg\sqrt{2x-1} = \lg 10,$$

$$\lg\sqrt{(5x+5)(2x-1)} = \lg 10,$$

$$\therefore \quad \sqrt{(5x+5)(2x-1)} = 10,$$

$$(5x+5)(2x-1) = 100 \text{。}$$

整理得　$2x^2 + x - 21 = 0$，

$$x_1 = 3, \quad x_2 = -\frac{7}{2} \text{。}$$

白发老人忙问："怎么样？算出来没有？"

"我算出来两个根。不过，这是对数方程，算出来的根要经过验算才能确认真伪。"米切尔向白发老人解释。

白发老人着急地说："还要验算？时间不等人哪，你快点儿验算一下吧！"

"好的。"米切尔开始进行验算：

先将 $x_1 = 3$ 代入方程，

$$左端 = \lg\sqrt{5x+5} = \lg\sqrt{5\times 3+5} = \lg\sqrt{20}$$

$$= \frac{1}{2}(1 + \lg 2),$$

$$右端 = 1 - \frac{1}{2}\lg(2x-1) = 1 - \frac{1}{2}\lg(2 \times 3 - 1)$$

$$= 1 - \frac{1}{2}\lg 5 = 1 - \frac{1}{2}(\lg 10 - \lg 2)$$

$$= \frac{1}{2} + \frac{1}{2}\lg 2 = \frac{1}{2}(1 + \lg 2),$$

$\therefore x_1 = 3$ 是原方程的根。

再将 $x_2 = -\frac{7}{2}$ 代入原方程，

$$左端 = \lg\sqrt{5 \times \left(-\frac{7}{2}\right) + 5} = \lg\sqrt{-\frac{25}{2}}\,无意义。$$

$\therefore x_2 = -\frac{7}{2}$ 不是原方程的根。

米切尔告诉白发老人："对数方程只有一个根 3。"

白发老人自言自语地说："第一个方程解得的结果是 3，第二个又是个海伦公式。小派写这两个算式，想告诉咱们什么呢？"两个人都低着头思考这个问题。

米切尔一边走，嘴里一边不停地念叨："根是 3，海伦公式；3，海伦公式；3，海伦；3 号海轮！啊！我琢磨出来啦！这两个算式合在一起，就是告诉我们，小派去 3 号海轮了。"

"对，是这么回事！小派一定是去 3 号海轮了。咱们快去找他！"两个人急匆匆地向 3 号海轮跑去。

知识点 解 析

负数的应用

故事中，米切尔算出小派留下线索的答案是负数，负数表示与正数意义相反的量，比如与盈相对的亏，与进相对的出，与增相对的减……负数用负号和正数表示，如-8；负数都比0小，在数轴上，它在0的左边；它的个数是无限的。

负数的产生源于人类的生产生活，在生活中负数有广泛的应用。我国是最早认识和应用负数的国家，我国古代著作《九章算术》中就有对负数的记载，这是最早记录负数的书籍。

考考你

请你用数字来表示以下这些相反意义的量：

（1）李老板做生意，一月份赚了3000元，二月份亏了400元。

（2）与标准体重比，聪聪重了2.5千克，明明轻了1.8千克。

（3）小学今年毕业生有150人，一年级新生有400人。

轮船上的战斗

米切尔和白发老人趁着夜幕悄悄地向 3 号海轮摸去。海水拍打着船体，发出啪啪的响声，在这声音的掩护下，他们迅速登上了轮船，才发现 3 号海轮就是那艘豪华游船。

米切尔自言自语地说："这么大的轮船，他们会躲到哪儿去呢？"

白发老人说："米切尔，别着急，咱们仔细找一找，我相信小派一定会留下什么算式和记号之类的。"

两个人低着头仔细寻找，忽然在一块大铁板上发现了几行字：

> 有一个怪数，它是一个自然数。首先把它加 1，乘上这个怪数，再减去这个怪数，再开方，又得到了这个怪数。

"怪数？我来算算它如何怪法。"米切尔开始解算这个怪数。他先设这个怪数为 x，然后列出一个方程：

$$\sqrt{(x+1)x - x} = x$$

由于 x 表示自然数，它恒大于 0，

所以　　　　$(x+1)x - x = x^2$，

整理得　　　　$x^2 + x - x = x^2$，

$$x^2 = x^2。$$

"哟！怎么得到一个恒等式？"米切尔看着最后一个式子直发愣。

"恒等式……恒定不动。噢，小派通过这个恒等式告诉我们，他们在这儿恒定不动！"白发老人也开始破译数学式子了。

米切尔摇摇头说："他们在这儿恒定不动，可是，这儿一个人也没有啊！"

白发老人一指脚下的大铁板，说："他们一定在这块铁板下面！"

"说得有理！咱俩把它搬开。"米切尔说完，与白发老人一起用力把大铁板推到一边，铁板下果真露出一个通道口。

"我先下去！"米切尔刚想顺着梯子往下走，忽然，一颗子弹从下面飞出来，擦着他的耳边飞了过去。好险！

米切尔举起枪刚想还击，白发老人把他拦住了，小声

说："不能开枪，别误伤了小派！"白发老人说完，不顾危险，抢先顺着梯子往下跑。米切尔喊了一声："小心！"也紧跟在白发老人后面跑了下去。

一进舱里，米切尔就看清楚了：一个海员打扮、留着络腮胡子的高个儿外国人用小派做掩护，正步步后退。只见这个大胡子左手搂住小派的脖子，右手握枪，枪口正对着米切尔。他用英语大声吼叫："不要过来，否则我把你们和小派通通杀死！"

怎么办？米切尔想冲上去把小派救出来，但白发老人制止了他，说不可轻举妄动。

大胡子拖着小派退到一扇铁门前面，门旁有一排数字

电钮。大胡子按了几下电钮，突然，小派哎哟大叫一声，学起了猫头鹰和山猫的叫声，米切尔全神贯注地听着。

小派是这样叫的：哎哟——鹰——猫——猫——哎哟——鹰——鹰——哎哟——鹰——猫——猫——猫。

小派刚停住，铁门就向上提起，大胡子拖着小派进去了，铁门哐当一声落了下来。

白发老人问米切尔："小派又告诉你什么秘密了？"

米切尔说："小派通知我开铁门的密码。猫头鹰叫代表1，山猫叫代表0。他用'哎哟'隔开，表示是三个数字。"

"是哪三个数字？"白发老人有点儿等不及了。

米切尔说："小派说的是二进制数，第一个是100，第二个是11，第三个是1000，把它们化成十进制数就是4、3、8。"

白发老人一个箭步蹿到铁门前，迅速按动三个电钮，铁门缓缓地向上提起，两个人一低头就钻了进去。铁门里面是间不大的屋子，空荡荡的，一个人也没有，四周的墙壁都是铁板，没有窗户，像一间牢房。

"人呢？"白发老人好生奇怪。这时，铁门又落了下来，想出去是不成了。

"明明看见他们进了这间屋子,怎么突然就不见了？"米切尔也觉得奇怪。他想：这屋子里一定有什么暗门、地道之类的装置。米切尔仔细寻找，希望能查出点蛛丝马迹。白发老人则用枪托到处敲敲打打，希望能发现暗门。两个人查找了半天，仍然一无所获。

突然，米切尔发现了墙壁的一处异样，他对白发老人说："你看，墙上的这一部分是用几块铁板拼出来的，不细看根本看不出来。"

白发老人仔细地看了看，说："嗯，是由七块形状不同的铁板组成的，形状像座桥。"说着，他从腰里拔出匕首，试着撬了撬。没想到，他一撬就把其中的一块铁板撬了起来，铁板当啷一声掉在了地上。很快，白发老人把七块铁板都撬了下来。可是铁板后面还有铁板，并不是暗道的入口。

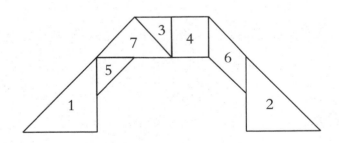

米切尔摆弄着这七块铁板："你说，在墙上装这七块铁板有什么用？"

"嗯……"白发老人琢磨了一下，说，"铁板拼成桥的形状，而桥是用来过人的。咱们能不能通过这座桥走出这间铁屋子？"

"哈哈。"米切尔觉得这想法挺可笑，他反问，"这种拼在墙上的桥，叫咱们怎么过？"

白发老人摇摇头说："我不是这个意思。我是想，能不能通过这七块铁板，找到一条出去的通路！"

米切尔忽然灵机一动，说："我想起来了，这七块铁板，非常像中国的智力玩具——七巧板。七巧板是可以拼成一个正方形的。"

"咱俩反正也出不去，不如拼拼试试。"说完，白发老人和米切尔一起在墙上拼了起来。没过多久，他们就拼出一个正方形。说也奇怪，他们刚拼好，这个正方形就往下一沉，露出一扇门来。于是，两个人从门中钻了出去。

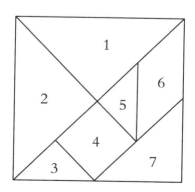

原来，墙里边是一间豪华的客舱，大胡子正一个人坐在沙发上，一边喝咖啡，一边听音乐，悠然自得。他猛然看见白发老人和米切尔进来了，大叫一声，立即伸右手去摸枪。白发老人先发制人，一枪打在大胡子的右手腕上。米切尔一个箭步蹿了上去，用枪顶住大胡子的脑袋，大喝一声："不许动！"

大胡子颤抖着举起了双手。

知识点 解析

七巧板中的数学问题

七巧板是我国古代的一种玩具，它是由5个等腰直角三角形、1个平行四边形和1个正方形组成的。七巧板不仅可以拼出字母、阿拉伯数学、动物等，还可以拼出一些几何图形。

在拼七巧板的过程中，我们会发现各块图形的边的长度和角的度数之间有关联，比如，最小的那个等腰三角形的直角边与正方形的直角边相等，平行四边形的一条边正好与小的等腰直角三角形的斜边相等……只要我们善于动手，勤于思考，七巧板中的数学问题都会迎刃而解。

考考你

当我们用七巧板拼正方形时（见下图），这个正方形的面积是 16 平方厘米，这七块几何图形的面积分别是多少？

经理究竟在哪儿

白发老人开始审讯大胡子："小派呢？"

大胡子低头不语。

白发老人又问："你把抢走的珍宝藏在哪儿了？"

大胡子还是低头不语。

白发老人发怒了，他啪地用力拍了一下桌子，把茶杯都震倒了，大胡子吓得一哆嗦。白发老人说："你既然什么都不想说，就别怪我不客气啦！米切尔，把他枪毙了，再扔进海里喂鱼。"

大胡子听说要枪毙他，害怕了，忙说："我说，我说。"

白发老人见大胡子开口了，就让米切尔把他的右手包扎好，又给他点了支香烟。

大胡子狠命吸了两口烟，镇定后说："我把小派和珍宝都交给头儿了。"

白发老人进一步追问："你们的头儿在哪儿？"

大胡子指着一扇圆门说："我们头儿每次都从那扇圆门里出来，不过，他从来没让我进去过。"

白发老人又问："你们的头儿长什么样子？他是干什么的？"

大胡子又吸了一口烟，然后慢吞吞地说："我们头儿长得又矮又胖，秃顶，有50多岁。他是我们L珠宝公司海外部经理。"

"嗯？"白发老人皱着眉头问，"你们海外部经理不是罗伯特？"

"嘿嘿。"大胡子冷笑了两声，说，"我们海外部经理怎么可能亲自去干抢夺珍宝的事？罗伯特是我们经理的秘书。"

白发老人吩咐米切尔把大胡子捆在沙发上，再用布把他的嘴堵上。

之后，两个人拿着枪朝着圆门走去。米切尔用手轻轻一推，圆门竟然打开了。门里面是一个长过道，长过道的一侧一连排有三扇门，门上分别写着字母A、B、C。每扇门上都贴着两张纸条，上面一张纸条上都写着：海外部经理在此办公。下面一张纸条上写的则各不相同：

A门上写着：B门上纸条写的是谎言。

B门上写着：C门上纸条写的是谎言。

C门上写着：A门、B门上纸条写的都是谎言。

米切尔看完，摇摇头说："真是活见鬼了！这三扇门都写着海外部经理在里面，又都说别的门上写的是谎言。这叫咱们怎么弄清楚真假啊！"

白发老人疑惑了："这是成心绕人玩哪！"

米切尔一时兴起，说："管他真假呢，咱们把每扇门都打开，看他藏在哪里！"

"不成，不成。这样会打草惊蛇。"白发老人想了一下，说，"你能不能从这几句话中，分析出这位经理究竟在哪扇门里？"

"唉，我想起来了。小派曾教给我一个解决这类问题的方法。"米切尔掏出笔和本，在上面写着：

如果是真话则用 1 表示，如果是谎言则用 0 表示。下面对 A 门上的纸条是真话或谎言这两种情况进行讨论：

（1）若 A = 1，即 A 门上的纸条是真话。

由于 A 门上写着"B 门上纸条写的是谎言"，可以肯定 B = 0；

又由于 B 门上写着"C 门上纸条写的是谎言"，而 B = 0，即 B 是谎话，所以 C 门上写的应该是真话，即 C = 1；

由于 C 门上写着"A 门、B 门上纸条写的都是谎言"，而 C = 1，即 C 是真话，所以 A = 0，B = 0。

但是，我们已事先假定了 A = 1，这里同时 A 又等于 0，出现了矛盾。说明这种情况不成立，即假设 A 是真话错了。

（2）若 A = 0，即 A 门上的纸条是谎言。

由于 A 门上写着"B 门上纸条写的是谎言"，可以肯定 B = 1；

又由 B 门上写着"C 门上纸条写的是谎言"，而 B = 1，即 B 是真话，所以 C 门上写的应是谎言，即 C = 0；

由于 C 门上写着"A 门、B 门上纸条写的都是谎言"，而 C = 0，即 C 是谎言，所以 A 和 B 中至少有一个是真话，即 A = 0，B = 1，或 A = 1，B = 0，或 A = 1，B = 1 这三组。由于我们事先假定的是 A = 0，因此，我们只能选 A = 0，B = 1 这组。

最后结论是：A 门是谎言，B 门是真话，C 门是谎言。

白发老人看完米切尔的推算过程，点点头说："只有 B 门纸条上写的是真话。米切尔，咱俩冲进 B 门去！"

　　两人奋力向 B 门冲去，门被撞开了，只见小派坐在沙发上，双手被捆，装珍宝的箱子就放在旁边的地上。矮胖经理一看有人冲进来了，便拿起一支冲锋枪向门口猛烈射击，子弹呈扇面状射了过来。白发老人躲闪不及，胳膊被子弹擦伤，鲜血湿透了衣服。由于子弹过于密集，白发老人和米切尔只得退了出来。

　　米切尔忙问："你受伤了，要紧吗？"

　　白发老人笑着摇了摇头，说："没事儿，只不过擦破了点儿皮。"米切尔赶紧帮他把伤口包扎好。

　　白发老人说："看来，咱俩只能智取，不能强攻。"两个人小声讨论起来。

知识点 解析

找逻辑矛盾助推理

故事中，米切尔进行的推理，就是典型的利用分析所给信息之间的矛盾进行推理，其关键是要找到信息之间的逻辑矛盾。逻辑矛盾就是当你假设 A 为真时，却推出 A 为假。所以我们在进行推理时，要有序进行，利用好假设法。

考考你

有甲、乙、丙、丁四个嫌疑犯，他们的对话如下：

甲说：我不是罪犯。

乙说：丁是罪犯。

丙说：乙是罪犯。

丁说：我不是罪犯。

以上四人只有一个人说假话。请问：谁是罪犯？

寻找最佳射击点

当时，小派在大胡子的押解下，扛着沉重的珍宝箱上了 3 号海轮。由于白发老人和米切尔紧紧追赶，大胡子把珍宝和小派一同交给了海外部经理。大胡子曾建议：已经把珍宝弄到手了，把小派杀了算啦！海外部经理不同意，他认为可以用小派去换回被神圣部族抓去的 100 名雇员。

然而，他万万没想到，白发老人和米切尔这么快就闯进了他的经理室。他暗骂大胡子是个废物，连两个原住民都对付不了，还让他们摸进了经理室。经理这时十分紧张，他打退白发老人和米切尔后，先把装有珍宝的箱子藏进大保险柜，又在屋里用桌椅沙发垒起了工事，准备和两人决一死战。

这位经理忙于建造防御工事，故而放松了对小派的看管。小派虽然双手被捆住，但是双脚是自由的。他看到房门已经被米切尔他们撞开，心想：现在是逃跑的最好时机，机不可失，时不再来。想到这儿，小派从沙发上站起来，以百米冲刺的速度跑了出去。经理发现后，忙冲着门外扫了一梭子，可是一枪也没打着。

米切尔见小派逃出来了，忙过去紧紧把他搂住，高兴地说："小派，你终于逃出来啦！"

白发老人也非常高兴，他抽出刀子把捆住小派的绳子割断，高兴地说："太好啦！太好啦！"

三个人凑在一起，研究怎样夺回珍宝。小派首先把屋里的情况简单地介绍了一下。因为屋里只有矮胖经理一人，米切尔主张强攻进去，消灭矮胖经理，夺回珍宝。白发老人则认为矮胖经理手里有冲锋枪，强攻相当危险。两个人的意见不一致，怎么办？现在要等小派表态了。小派琢磨了一下，觉得时间紧迫，必须抓紧时间攻进去。但是不能盲目强攻，既要给矮胖经理最大的攻击力度，又要将自己这方伤亡的可能性尽量减小。对于小派的方案，白发老人和米切尔一致赞同。

白发老人问："怎样才能做到你说的这两点呢？"

小派说："咱们有两支枪，一支枪对矮胖经理射击是为了吸引他的火力，另一支枪要置他于死地！"两人都说小派的方案好。

他们先搬来一个非常厚实的硬木桌子放到了 D 点，又推来几个长沙发，摆成了一条直线 l。门宽为 AB。

白发老人藏在硬木桌子后面，不断地打冷枪。矮胖经理则一个劲儿地向白发老人藏身的方向射击，由于桌子非常厚，子弹穿不透，根本伤不着白发老人。

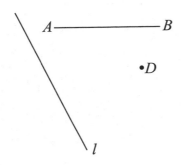

米切尔藏在一排沙发后面，沿着 l 直线往前爬。现在的问题是：米切尔在什么地点射击最有利？

小派说："要找到最有利的射击点，就应该在 l 直线上找一点，使这一点对门 AB 的张角最大。因为张角大，就容易射中门里的目标。"

米切尔问："怎样才能在 l 直线上找到这个点呢？"

小派拿出纸和笔画了几个图（见下页图），研究了一下，说："可以这样来找：过 AB 作一个圆与直线 l 相切，切点 M 对门 AB 张角最大。"

米切尔问："这是为什么？"

小派说："假如你不相信 $\angle AMB$ 最大，可以在 l 线上再任选一点 M'，连接 $M'A$，交圆于 N 点。根据三角形的外角大于不相邻的内角，所以有 $\angle ANB > \angle AM'B$。

又根据同弧上的圆周角相等，$\angle AMB = \angle ANB$，因此有 $\angle AMB > \angle AM'B$。说明直线 l 上除 M 点之外，其他点对 AB 张角都较小。"

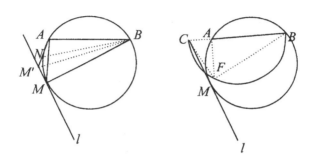

米切尔说："嗯，你说得有理。可是这个圆又应该怎样画呢？"

小派说："可以这样来画：延长 BA 与直线 l 交于 C。以 BC 为直径作半圆，由 A 引 BC 的垂线交半圆于 F。再以 C 为圆心，CF 为半径画弧交 l 于 M，M 为所求点。"

米切尔有点儿犹豫地说："你画出来的点保证正确吗？"

"不信，我给你证明。"小派在纸上证明起来：

连接 CF、BF，则 $\triangle BCF$ 为直角三角形。

$\because \triangle AFC \backsim \triangle FBC$，

$$\therefore \frac{CF}{CA} = \frac{CB}{CF},$$

$$\therefore CF^2 = CA \cdot CB_\circ$$

$$\because CF = CM,$$

$$\therefore CM^2 = CA \cdot CB_\circ$$

根据圆切割线定理的逆定理，M 点是过 A、B 两点与直线 l 相切的圆的切点。

小派与米切尔大致估计了 M 点的位置，然后在 M 点藏好。这时，白发老人加紧向屋里射击，一边射击，还一边大声叫嚷，叫矮胖经理赶快投降。矮胖经理被激怒了，端起冲锋枪朝白发老人的方向猛烈射击。与此同时，米切尔在 M 点举枪等待时机，见矮胖经理刚一抬身，米切尔迅速扣动扳机，砰的一枪，正好打中他的右手腕。矮胖经理大叫一声，扔掉冲锋枪倒在了地上。

过了一会儿，不见动静。米切尔说："你们掩护，我进去看看。"米切尔小心翼翼地摸进屋里，他转到桌子后面一看，地上只剩下一支冲锋枪，矮胖经理不见了。

知识点 **解** 析

相似三角形

故事中，小派在证明 M 点是过 A、B 两点与直线 l 相切的圆的切点过程中，对相似三角形的证明写得很简略。数学中，把三角分别相等、三边成比例的两个三角形叫作相似三角形。证明三角形相似的判定定理很多，简单来说，有以下三种：两边对应成比例且夹角相等；三边对应成比例；三个角分别对应相等。故事中是采用三个角分别对应相等这个判定定理来证明的。在证明三角形相似的过程中，围绕判定定理，找准对应角或边，证明起来是比较容易的。

考考你

如图，已知 AD 与 BC 相交于点 O，AB // CD，求证 $\triangle AOB \backsim \triangle DOC$。

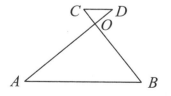

打开保险柜

矮胖经理右手腕中了米切尔一枪后，他扔掉了冲锋枪，不知从哪个地方跑了。小派拿起冲锋枪，高兴得不得了。

白发老人说："先不要管那个矮胖经理了，把珍宝取出来要紧！"

小派指着一个大铁柜说："珍宝可能藏在这个保险柜里了。"

白发老人走过去一看，保险柜用的是密码锁，并排有三个可以转动的小齿，每个小齿可以显示从 0 到 9 这十个数码。

米切尔说："这个密码锁比较简单，只要凑对了一个三位数就可以打开。"

"也不那么简单。"小派说，"一个小齿有 0 到 9 共 10 种不同的数字；两个小齿有 $10 \times 10 = 100$（种）不同的数字；现在是三个小齿，会有 $10 \times 10 \times 10 = 1000$（种）不同的数字。要凑出这 1000 种不同的三位数来，可得费一阵子工夫！"

白发老人说："那可来不及。嘿，你们看，这是个什么东西？"

米切尔和小派仔细一看，密码锁的上方有一行算式：

$$2^{2^5}+1$$

米切尔说："这是一个奇怪的算式。"

小派点点头说："我知道了，这是 $n=5$ 的费马数。"

"费马数？什么是费马数？"白发老人弄不明白了。

"费马是 17 世纪法国著名数学家。"小派开始介绍费马和费马数，"费马找出一个公式：

$$F(n)=2^{2^n}+1$$

他认为 n 依次取 0，1，2，3……时，这个公式算出来的数都是质数。"

米切尔问："他证明了吗？"

"没有。他只对前 5 个这样的数进行了验算。"小派随手写下前 5 个数：

$$F(0)=2^{2^0}+1=2+1=3$$
$$F(1)=2^{2^1}+1=4+1=5$$
$$F(2)=2^{2^2}+1=16+1=17$$

$$F(3) = 2^{2^3} + 1 = 256 + 1 = 257$$
$$F(4) = 2^{2^4} + 1 = 65536 + 1 = 65537$$

小派接着说："前 5 个数都是质数。第 6 个数太大，费马没接着往下算。可是费马断言：对于其他的自然数 n，这种形式的数一定也都是质数。后来，数学家就把 $2^{2^n} + 1$ 形式的数叫作费马数，记作 $F(n)$。"

白发老人着急地问："费马这位老先生的断言究竟对不对呢？"

"不对！"小派说，"18 世纪，瑞士著名数学家欧拉发现，$n=5$ 时，$F(5)$ 就不是质数了。我还清楚记得 $F(5)$ 的数值：

$$F(5) = 2^{2^5} + 1 = 4294967296 + 1$$
$$= 4294967297$$
$$= 641 \times 6700417$$

它是一个合数。"

米切尔笑着说："费马也太武断了，只算了前 5 个就敢说对任何自然数都成立！"

"还有更有趣的呢！"小派说，"后来的数学家接着往下算，又算出 46 个费马数是合数，还有一些费马数，如$2^{2^{17}}+1$，$2^{2^{20}}+1$，$2^{2^{22}}+1$等，一时还无法确定是合数还是质数。但是有一点可以肯定，当$n>4$时，还没有发现一个费马数是质数。有的数学家就猜想：除去$n=0$，1，2，3，4外，$F(n)$都是合数。"

"哈哈……"白发老人笑着说，"真是太有意思啦！跟你这位大数学家在一起，真长见识！"

"故事讲完了，开保险柜的密码我也找到了。"小派说完，就把三个小齿轮拨成641，然后用力一拉，保险柜的门就打开了。珍宝箱果然在里面。

米切尔说："多亏咱们这儿有位大数学家，不然的话，这个十位数，谁会把它分解成质因数的乘积呀！"

小派介绍说："E国L珠宝公司使用的是最新的'RSA密码系统'，这是特工人员使用的高级密码系统。破译这种密码，需要具有把一个80位数分解成质因数连乘积的能力。但是，将一个大数分解成质因数连乘积是十分困难的。"

白发老人点点头说："连特务都在数学上打主意。来，咱们把珍宝箱子抬出来。"

小派说："让我和米切尔抬。"可是，两人把箱子往外一抬，脸色就变了。小派赶忙把箱子打开一看：啊！箱子里空空如也，珍宝不知去向啦！

小派不可思议地说："这不可能！是我亲手把珍宝箱放进保险柜里的，当时珍宝箱还挺重的，怎么过了一会儿，箱内的珍宝全不见了呢？"

米切尔狠命地一跺脚，说："这简直是变戏法。"

白发老人把身子探进保险柜，用拳头砸了砸柜底，里面发出咚咚的声音。白发老人一指柜底，说："问题就出在这儿，柜底是空声，表明柜底是活的，下面是空的，可以打开柜底，从下面把珍宝箱拿出去，等把珍宝拿出箱子，再把箱子送回保险柜。"

小派和米切尔都认同白发老人的分析。小派补充说："那个矮胖经理手腕上中了一枪后突然不见了，可能也从地下跑了。这些地板，可能有些是可以活动的。"

小派在屋里一边走，一边用力跺地板，想找到哪块地板下面是空的。当他走到屋子正中央用力跺脚时，地板忽然翻转了一下。只听见小派大喊一声："啊呀！"整个人就掉到地板下面去了。

白发老人和米切尔惊得目瞪口呆，等他们反应过来，想去救小派时，已经来不及了。

知识点 解析

简单的排列问题

故事中，求保险柜密码锁的密码其实是简单的排列问题，我们可以回归到我们最熟悉的 m 件上衣与 n 件下装的搭配问题，每选定 1 件上衣，与 n 件下装进行搭配，所以共有 $m \times n$ 种搭配，如果再加上 q 双鞋子，就有 $m \times n \times q$ 种搭配，密码锁相当于 10 件上衣、10 件下装和 10 双鞋子的搭配，所以有 $10 \times 10 \times 10 = 1000$（种）不同的数字。

考考你

用数字 3，5，6，9 可以组成多少个不重复的两位数？

数学白痴大胡子

地板一翻转，小派掉了下去，重重地摔到了下一层船舱中。大胡子正坐在沙发上玩弄他那支无声手枪，见小派掉了下来，他上前拾起冲锋枪，笑着说："就知道会有人掉下来的，我在这儿等半天啦！"

大胡子用手枪指了指上面，问："那两个人什么时候掉下来？你把他们俩一起叫下来算啦！省得我待会儿还要费力气上去抓他们。"

"哼！"小派从地上爬起来，狠狠瞪了大胡子一眼。

大胡子皮笑肉不笑地对小派说："嘿嘿，听说你是位大数学家。真看不出来，你小小年纪，居然有这么大的本事。我从小数学不好，不瞒你说，从小学四年级开始，我数学考试就没及格过。我们老板也常常利用我数学不好骗我。"

小派没心思听他一派胡言乱语，心里在琢磨着如何逃出去。

"喂，我说话你听见没有？"大胡子发现小派有点儿心不在焉。

小派点点头说："我听着呢！"

大胡子招招手，让小派靠近一点儿，然后小声对小派说："我们的头儿，就是那个经理，刚才对我说，只要我能帮他把这批珍宝弄回 E 国，他就把珍宝分给我一份儿。"

小派心里暗骂：你们这伙强盗，妄想瓜分神圣部族的遗产，我小派绝不会让你们的阴谋得逞！

小派虽然心里这样想，嘴上却说："那他答应分给你多少啊？"

大胡子美滋滋地说："我们头儿说，将来分给我 x 件珍宝。他还给我做了具体安排：用 $\frac{x}{2}$ 件珍宝来买房子，$\frac{x}{5}$ 件珍宝买轿车；将 $\frac{x}{5}$ 件珍宝送给老婆，6 件珍宝送给儿子，4 件珍宝送给女儿。你能帮我算算，我们头儿一共分给我多少珍宝吗？你帮我算出来，我就放了你。"

小派问："真的？你说话算数吗？"

大胡子站起来，一拍胸脯说："我大胡子从来说到做到。我如果说话不算数，将来就不得好死！"

"好吧，我给你算算。"小派拿出纸和笔，边写边说，"你们经理分给你 x 件珍宝，而这 x 件珍宝全有了用场。所以，把买房子、买轿车、给你老婆孩子的珍宝加在一起，正好等于 x 件。"

大胡子高兴地说："不愧是大数学家，这么难的问题，经你这么一分析，就清楚多了！我怎么没有想到呢？"

小派笑了笑，随手列出一个方程来：

$$\frac{x}{2}+\frac{x}{5}+\frac{x}{5}+6+4=x$$
$$\frac{x}{10}=10$$
$$x=100$$

"啊！"大胡子大叫了一声，扑通一声跪到了地上，他双拳紧握，大声叫道，"我的上帝！整整 100 件珍宝，这得值多少钱哪！我发大财啦！"

小派在一旁冷冷地说："不过，你别高兴得太早了。据我所知，珍宝箱中总共才有 101 件珍宝，你们头儿怎么可能分给你 100 件，他只拿 1 件珍宝回去交差？"

"有这种事？"大胡子慢慢地站了起来，他抢过小派手中的草稿纸看了又看，问，"你不会算错了吧？"

小派一本正经地说："怎么会错呢？你刚才不是还承认我是大数学家吗？好啦，我已经给你算出来了，你该放我走了。"

大胡子感觉矮胖经理欺骗了他，十分生气，他对小派说："你可以走了，我要找那个胖子算账去！"

小派刚想走出去，大胡子又把他叫了回来，对他说：

"你出去后，可千万别乱跑，这里面布满了各种机关，稍不留神，就会把命搭进去。我劝你赶快离开 3 号海轮，逃命去吧！"

小派冲大胡子点点头，说："谢谢你的关照，再见！"

小派走出船舱来到通道。此刻他只想赶快找到白发老人和米切尔。

小派想：我是从上面一层船舱掉下来的，我必须回到上面一层去，才能找到他们。于是，小派开始找楼梯，可他前前后后找了个遍，也没找到。忽然，他发现通道顶上有一个洞，一条绳子从洞中吊下来。他走近一看，原来这

个洞从甲板一直通到船底,是为船员紧急下舱准备的通道。

　　小派自言自语地说: "我顺着这根绳子爬上去不就成了吗?"说完, 他向手心吐了口唾沫, 双手抓紧绳子, 然后手脚并用地向上爬。在离上层楼板只有一臂的距离时, 绳子忽然一松, 小派大叫了一声, 他穿过一个又一个圆洞, 直接掉向了船底……

船舱大战

小派正往下掉时，听到大胡子在甲板上哈哈大笑："掉下去只怕要摔个半死哟！"

小派心想：这下子可完了！说时迟那时快，就在小派心里犯嘀咕的时候，绳子被人从上面拉住了。小派趁停止下落的一瞬间，赶紧跳到船板上。他刚刚站稳，就听上面有人在大声叫喊——是米切尔和大胡子的声音，接着就是一阵激烈的枪战声。

双方打得好不热闹，小派忽然听到大胡子一声惨叫，他顺着洞口往上看，只见大胡子用左手捂着右胳臂，摇摇晃晃地站在圆洞边缘，就要掉下来了。小派心想：不能让大胡子摔死，留着他肯定能问出珍宝的下落。想到这儿，小派把一个长沙发挪到洞口下面。这时，上面又传来砰的一声枪响，大胡子又发出杀猪般的号叫声，接着身子一歪，掉了下来。小派赶紧闪到一旁，只听扑通一声，大胡子摔到了沙发上。

小派跑上前去，从大胡子手中夺过冲锋枪，又从他腰里拔出无声手枪。小派将于中的枪在大胡子眼前晃了两下，说："这下子全归我啦！"

小派端着冲锋枪，冲着大胡子大喊："快站起来，不要装死！"大胡子一声也不吭。小派心想：大胡子死了？小派刚把手伸到大胡子的鼻子前面，想试试他还有没有呼吸，没想到，大胡子一把揪住小派的手腕，然后把他的手用力一拧，拧到了背后。大胡子用力非常狠，小派痛得哎哟直叫。

在这千钧一发之际，一条黑影从天而降，落在沙发上又重新弹起。在弹起的瞬间，此人飞起一脚，将大胡子踢了个四脚朝天。

来人不是别人，正是米切尔。小派一边甩动着被拧痛的手，一边小声嘀咕："嗬，没想到米切尔还真有两下子！"

米切尔笑了笑，没说话，只见他迅速把大胡子的腰带解下，将大胡子捆了起来。

白发老人从圆洞中探出头来，向下喊："米切尔、小派，快审问珍宝的下落，再问问那个矮胖经理去哪儿了。"

米切尔答应一声，然后开始审问大胡子："你们 L 珠宝公司派来的这批强盗几乎都被我们抓到了，现在只剩下你和你们经理。你若想得到宽大处理，就老老实实交代！"

这时，大胡子如同一条丧家之犬，低着头瘫坐在沙发上。米切尔见大胡子的左右手都受了伤，就找了两块布给他简单包扎了一下。

大胡子说："我把珍宝交给了我们经理，这位大数学家可以作证。我是把珍宝箱连同这位大数学家一起交给经理的。他后来把珍宝藏在哪儿，我就不知道了。"

米切尔问："你们经理现在在哪儿？这艘海轮上可有什么密室暗舱吗？"

"经理去了哪儿，我还真说不清楚。"大胡子交代，"不过，这艘船上确实有一间屋子只有经理可以去。但除了经理之外，谁也不知道它的具体位置。"

小派插话说："你刚才一定见过经理，不然的话，捆你的绳子是谁给你解开的？你既然见到了经理，他不会不告诉你他的去向！"

"说得对！"米切尔说，"搜他的身！"

小派开始翻大胡子的口袋，结果从他的上衣口袋里搜出一张纸条，纸条上写着：

$$68 \Rightarrow \circlearrowleft \Rightarrow + \Rightarrow \circlearrowleft \Rightarrow + \cdots\cdots$$

米切尔问："这纸条上写的是什么？这是谁写的？快老实交代！"

"这……"大胡子见实在瞒不住了，只好如实交代，"绳子是经理给我解开的，他让我守在翻板前，等着抓你们三个。临走前，他塞给我这张纸条。"

米切尔对小派说："这种神秘的东西，也只有你能破译出来。"

小派接过纸条，说："我试试吧！"他低着头琢磨了一会儿。白发老人在上面一边巡视，一边等待结果。

小派说："我明白啦。纸条的意思是，把68颠倒一下，变成86，两数相加，把所得的和再首尾颠倒相加。我来具体算一下。"

$$
\begin{array}{r}
68 \\
+\quad 86 \\
\hline
154 \\
+\quad 451 \\
\hline
605 \\
+\quad 506 \\
\hline
1111
\end{array}
$$

"到此为止，不能再做了。"小派指着最后的结果说，"数学上，把 1111 叫作'回数'。"

"什么是回数？"米切尔不大懂。

"要弄懂什么是回数，首先要明白回文。"小派介绍说，"回文是我们中国特有的一种文学形式。一个词或一个句子正着念、反着念都是有意义的语言叫回文。比如'狗咬狼'，反着念是'狼咬狗'，这两句都有意义。"

米切尔说："还挺有意思的。"

小派又说："我国诗人王融曾作过一首《春游回文诗》，十分有名，我至今还能背下来：

风朝拂锦幔，月晓照莲池。

把这首诗反过来就是：

池莲照晓月，慢锦拂朝风。

也是一首诗。"

米切尔摇摇头说："不成，我对你们中国的诗词还欣赏不来。"

"那咱们再回过头来谈数学吧。"小派说，"如果一个数，从左右两个方向读，结果都一样，就把这个数叫作'回文式数'，简称'回数'。比如，101、32123、9999都是回数。"

米切尔点点头说："这么说，1111是个回数了。唉，我有个问题：是不是任意一个数这样颠倒相加，最后都能得到一个回数呢？"

小派摇摇头说："这个问题没有定论。有的数学家猜想：不论开始时选用什么数，在经过有限步骤后，一定可以得到一个回数。关于这个猜想，至今还没有人肯定它是对的，或者举出反例说它是错的。不过，有一个数值得注意，这个数就是196，有人用电子计算机进行了几十万步上述的运算，仍没得到回数。当然，尽管几十万步没算出回数来，也不能断定永远算不出回数来。"

白发老人在上面等不及了，他趴在洞口朝下大声说道："你们俩在磨蹭什么呢？还不赶紧把藏珍宝的具体地点问出来。"

米切尔回答说:"我们得到一份重要情报,正在研究,您再稍等一会儿。"

米切尔问:"小派,你说这 1111 能表示什么呢?房间号码吧,没这么大。保险柜号码吧,这保险柜在哪儿呢?"

小派思考了一下,回过头问大胡子:"这艘海轮有几层舱?"

大胡子回答:"一共 5 层舱。"

小派分析说:"密室一般设在下层。把 1111 这个回数的 4 个 1 相加:$1+1+1+1=4$,说明密室在 4 层舱。$1111^2 = 1234321$,说明 1111 的平方也是一个回数,已经知道中间的 4 表示层数,从 4 向两边念都是 321,表明密室在 4 层 321 室。"

米切尔一拍大腿说:"分析得有理!走,咱们赶快去!"

小派问:"这个大胡子怎么处理?"

米切尔说:"带着他一起走,他对我们还有用处。"

小派用枪一捅大胡子,说:"走,带我们去那个房间,快点!"

大胡子慢腾腾地站起来,嘴里嘟嘟囔囔地说:"其实,这就是 4 层,可是我从来就没听说有个 321 号房间。"

"啊?"小派和米切尔同时瞪大了眼睛。

知识点 解析

有趣的回数

回数就是从左往右和从右往左读出的数是一样的数，比如373、464、111等。数学中有一个著名的"回数猜想"：任取一个自然数，把这个数倒过来，并将这两个数相加；然后把这个和数再倒过来，与原来的和数相加。在有限地重复这个过程后，一定能获得一个回数。这个问题至今没有得到验证。

考考你

你能找到下列数的回数吗？

37　　　75　　　169

321号房间在哪儿

"这不可能！"小派坚信自己的推算不会有错。

米切尔也感到奇怪，他说："4层舱房间的号数，第一个数字应该是4才合理，怎么会是3呢？"

小派问大胡子："3层舱中有没有321号房间？"

大胡子摇摇头说："3层舱中到320号就到头了，也没有321号房间。"

"怪呀！这321号房间会在哪儿呢？"米切尔紧皱双眉。

白发老人等不及，从上面下来了，他听到这个怪问题之后，也低头琢磨起来。突然，他一拍脑袋说："既然3层没有，4层也没有，而这里有3又有4。另外，3层到320号就完，这里却冒出个321号来。我想，这间密室一定在3层和4层之间，也就是在3层半。"

白发老人的一句话提醒了小派和米切尔。米切尔用力拍了一下自己的后脑勺，说："说得对呀！我怎么没想到呢？"

　　三个人立即押着大胡子找到连接 3 楼和 4 楼的楼梯，米切尔和小派顺着楼梯上下走了好几趟，也没看见门。这个 321 号房间会在哪儿呢？

　　小派顺着楼梯再一次仔细搜寻，他站在楼梯中间全神贯注地看着周围的墙壁。突然，小派发现了什么，他指着墙上一个隐约可见的小方框喊道："米切尔，你快看！"

　　米切尔揉了揉眼睛，仔细看了看，说："这是个什么东西啊？"

　　"一时还说不准。"小派说，"如果方框中间不是雪花，而全换成数字的话，它非常像幻方。"

　　"幻方？幻方是什么东西？"米切尔不解。

　　小派见米切尔对幻方一窍不通，就简单地介绍了几

句："最早的幻方产生在我们中国。相传在很久以前，我国的夏禹在治水时来到洛水，忽然从洛水中浮起一只大乌龟。乌龟背上有一个奇怪的图，图中有许多圈和点。这些圈和点表示什么意思呢？有个人好奇地数了一下龟甲上的点数，然后用数字表示出来，结果他发现这里面有非常有趣的关系。"小派在纸上画了一个正方形的九宫格，只在格子里填好数，然后指着画好的图说："这个图共有3×3＝9个小方格，填入了从1到9这九个自然数，其特殊之处在于：不管是把横着的三个数相加，还是把竖着的三个数相加，或者把斜着的三个数相加，其和都等于15。"

4	9	2
3	5	7
8	1	6

米切尔听入了神："真有趣！"

"这就是幻方，中国也称它为九宫图。"小派指着墙上的图说，"这个图非常像幻方，只是它中间不是数，而是个雪花图案。"

"我把这个雪花图案揭下来看看。"米切尔一伸手，轻轻松松就把雪花图案揭了下来——原来它是不干胶纸贴上去的，图案下面露出了9个白色的方形电钮。

1	23	20	14	7
15	□	□	□	18
22	□	□	□	4
8	□	□	□	11
19	12	6	3	25

"啊，这里有电钮！"米切尔非常高兴地说，"按一下电钮就能把321号房间的门打开。可是……按哪个电钮才对呢？"

小派低着头一言不发，不知他心里在盘算什么。

米切尔有点儿着急，他催促小派说："你琢磨出来没有？应该按哪个电钮啊？"

小派还是一言不发。米切尔见小派还没想好，也就不说话了。过了好一阵子，小派的脸上终于露出了笑容。

小派说："恐怕单按其中一个电钮是不成的。要9个电钮都按。"

"都按？一个电钮按一下？"米切尔感到很新鲜。

小派摇摇头说："不，每个电钮按的次数都不同。这

是一个 5 阶幻方,要把从 1 到 25 这 25 个自然数填进 25
个方格。现在它已经填出 16 个数,剩下的 9 处应该填的数,
不是要往里填数,而是在相应的电钮上按的次数。"

米切尔点头说:"说得有理。不过这个雪花有用吗?"

"有用!它告诉我们要填成雪花幻方。"小派显得十
分沉着。他不等米切尔发问,就解释说:"雪花幻方要求
呈雪花状的 6 个数,两两相加,其和相等。"说着,小派
就画了个示意图。

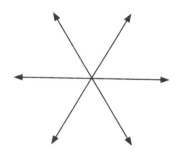

米切尔听后直咋舌:"这条件也太苛刻了。不但横着
加、竖着加、斜着加,其和应该相等,中间部分还有讲究。"

"想想办法总是可以解决的。"小派说,"从 1 到
25,已经填进去 16 个数了,还剩下 2、5、9、10、13、
16、17、21、24 这 9 个数,关键是从中找出 4 对其和相
等的数。"

米切尔赶紧说:"我来给你凑一凑,看看是哪 4 对。"

小派摇摇头说："凑数要凑好半天哪！"

米切尔问："你有什么好办法？"

小派说："如果不是 9 个数而是 8 个数，要凑成两两相等的 4 对，那是很好办的。只要把这 8 个数加起来，再除以 4 就得到每一对数的和了。有了和数再去挑选加数就方便多了。"

米切尔插话道："可是现在不是 8 个数，而是 9 个数。"

"9 个数也不要紧，你也把它们相加，然后再用 4.5 去除，取商的整数部分。我来具体做一下。"小派说完就算了起来：

$$(2+5+9+10+13+16+17+21+24) \div 4.5 = 117 \div 4.5 = 26$$

小派说："刚好等于 26，说明雪花中心点一定是 13，你把 13 刨除在外，把其余 8 个数按其和为 26 来凑吧！"

米切尔很快就凑了出来：

$$2+24=5+21=9+17=10+16=26$$

小派接着说："每个幻方，横着加、竖着加、斜着加都等于同一个常数，数学上把这个常数叫作幻方常数。算幻方常数有现成的公式："

$$\frac{n}{2}\left(1+n^2\right)$$

这里是 5 阶幻方，$n=5$，则 $\frac{5}{2}\times(1+52)=65$，最后按幻方常数 65 来填写就行了。"

小派真不愧是数学才子，没过一会儿就把 9 个数填进中间的空格中了。

1	23	20	14	7
15	9	2	21	18
22	16	13	10	4
8	5	24	17	11
19	12	6	3	25

米切尔兴冲冲地说："我照着这个表来按电钮。"米切尔把左上角的电钮按了 9 下，接着把右边与它相邻的电钮按了 2 下，依次按下去，当他把右下角的电钮按完 17 下时，墙壁哗啦一声向上提起，一间密室露了出来，海外部经理正在里面打电话。

这位经理见门忽然打开了，吓了一跳，他随手拿起一支冲锋枪向门外扫射，米切尔和小派急忙躲闪，从楼梯上跳了下去。

知识点 解 析

神奇的九宫图

故事中，3×3的小方格图就是九宫图，也叫幻方。约公元前 2200 年，中国的《洛书》中记载了此图。九宫图的填写规则是：要使每一横行、竖行、斜行的三数之和为同一个数，先填出表格正中间的数，该数就是 9 个数按照从小到大的顺序排列后的中间数，其余 8 个数要保证成对出现，且每对的和相等。

考考你

把 9、10、11、12、13、14、15、16、17 填在下面的方格里，使每一横行、竖行、斜行的三数之和都等于 39。

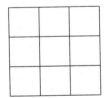

三角形小盒的奥秘

由于小派和米切尔事先早有准备，暗门一打开，见到矮胖经理要拿枪，两人同时跳下楼梯。

矮胖经理拿着冲锋枪出来，想追杀小派和米切尔。他刚一露面，只听砰的一声枪响，他便哎哟一声从暗室里摔了下来。原来，矮胖经理从暗室里刚一露头，就被白发老人打了一枪。白发老人枪法极准，这一枪正中矮胖经理的右臂。白发老人敏捷地跑过去，把矮胖经理捆成了肉粽。

白发老人一挥手，说："快进暗室找珍宝！"

小派和米切尔快步跑进暗室，可是暗室里除了一张写字台和一把转椅，什么东西也没有。白发老人把矮胖经理和大胡子押进暗室。

白发老人问矮胖经理："你把抢来的珍宝藏到哪儿去了？"

矮胖经理把头向上一扬："有能耐自己找去，本人无可奉告！"

见矮胖经理这个顽固劲儿，白发老人知道再问他也无济于事，于是说："我们在屋里仔细搜查！"

小派和米切尔把整个屋子上上下下搜了个遍，可是什么也没发现。小派不甘心，又仔细搜了一遍，终于在转椅下面找出一个等腰三角形状的小盒子。盒子上有许多小孔，孔与孔之间都用加号连接，最上面一个孔中填写着90。

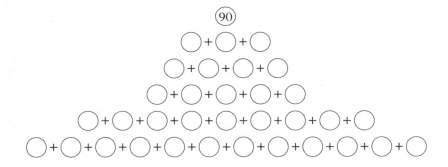

小派翻到小盒子背面，上面写着两条注意事项：

　　1. 每一行的圆孔中要填写连续自然数，使每一行各数之和都等于90；

　　2. 填对了将获得幸福，填错了意味着死亡。

小派问矮胖经理："这个小盒子有什么用？"

矮胖经理满眼挑衅地说："有什么用？用途可大啦！只要把圆孔中的数填对了，要金银有金银，要珠宝有珠宝。要是填错一个数，砰的一声，你的小命就完蛋喽！你敢填吗？"

矮胖经理的一番话，气得米切尔把牙咬得咯咯响，米切尔扬起拳头就要揍他，小派伸手给拦住了。小派笑着说："不用打他，让这位经理站在我的对面，距离一定要近。我往里填数，万一砰的一响，我死了，经理也别想活！"

一听小派这么说，矮胖经理脸色陡变，战战兢兢地不肯走近小派。米切尔硬把矮胖经理推到了小派对面。

小派拿起笔来正要填数，矮胖经理吓得连声大叫："慢，慢。你一定要想好后再填，一旦填错一个数，不光你我完了，整艘船也会沉没。"

白发老人走过来说："既然是这样，你不如把抢走的珍宝痛快地交还我们，以免船毁人亡。"

"唉！"矮胖经理叹了口气说，"我何尝不想把珍宝交给你们，可是我只会把珍宝藏进暗室的保险柜里，并不知道怎么打开。"

白发老人两眼一瞪，说："一派胡言！有大数学家小派在，你不说，我们也照样能把珍宝找出来。小派，开始填数！"

小派答应一声，就开始往小圆孔中填数。他先填 3 个小圆孔一排的。他先做了一次除法：$90 \div 3 = 30$，然后很快就填进 3 个连续自然数 29，30，31。小派接着填 4 个圆孔一排的。他也做了一次除法：90÷4＝22.5，然后很快就填进 4 个连续自然数 21，22，23，24。

小派如此做下去，很快就把所有的圆孔都填上了数。

$$\text{㉚}$$
$$\text{㉙} + \text{㉚} + \text{㉛}$$
$$\text{㉑} + \text{㉒} + \text{㉓} + \text{㉔}$$
$$\text{⑯} + \text{⑰} + \text{⑱} + \text{⑲} + \text{⑳}$$
$$\text{⑥} + \text{⑦} + \text{⑧} + \text{⑨} + \text{⑩} + \text{⑪} + \text{⑫} + \text{⑬} + \text{⑭}$$
$$\text{②} + \text{③} + \text{④} + \text{⑤} + \text{⑥} + \text{⑦} + \text{⑧} + \text{⑨} + \text{⑩} + \text{⑪} + \text{⑫} + \text{⑬}$$

小派刚把所有的数都填完，写字台忽然向前移动，接着响起一阵嘟嘟的声音，接着从下面升起一个平台，平台上有一个箱子。小派和米切尔把箱子抬下来，打开一看，101 件珍宝一件不少全在里面。

"找到珍宝喽！找到珍宝喽！"小派和米切尔高兴得互击了一掌。

矮胖经理一屁股坐在了地上，低着头说："完了，一切都完了！"

这时，海轮外面人声鼎沸，是乌西首领带着几十名士兵前来接应了。白发老人、小派、米切尔押着矮胖经理和大胡子，抬着装有珍宝的箱子走下了海轮。乌西首领快步走上前去，与三个人热烈拥抱。

乌西紧紧搂住小派，眼含热泪，说："谢谢你，小派！没有你的帮助，我们神圣部族的这批国宝是不可能找到的。即使找到了，也会被这些外国强盗抢走。你真是神从天降，帮了我们的大忙啦！"

小派笑了笑，说："我是从天而降，可我不是神。我是飞机遇险者，如果不是落在你们岛上，没有你们的抢救，我也早就完了。我应该感谢你们才对！"

大家有说有笑，好不热闹。忽然，小派想起了什么，满脸焦急。乌西忙问："小派，你怎么啦？是太累了，还是有点儿不舒服？"

小派摇摇头说："距奥林匹克数学竞赛只有两天时间了。本来我可以搭乘这艘轮船去华盛顿，可是没想到这是一艘贼船，船上的人都被我们抓起来了，这下子我可怎么去参加比赛呢？"

"嘿，这事儿用不着犯愁。"乌西拍了拍小派的肩头，说，"我们神圣部族有好多人会开这种大轮船，我立即组织一支队伍，送你去华盛顿！"

队伍很快组织好了，里面有船长、大副、轮机长……人员齐备，米切尔也随船送行。

天蒙蒙亮时，一声清脆的长笛划破海岛的宁静，轮船

起航了。岸边站满了送行的人，乌西、白发老人向轮船上的小派频频招手，小派也挥手道别。岸上的人目送轮船消失在晨雾中。

小派乘船顺利地到达了华盛顿，当他出现在中国中学生奥林匹克代表团驻地时，黄教授和先期到达的同学都高兴极了。同学们高呼："我们的小派终于来啦！"

竞赛第二天开始，小派精神饱满地投入了竞赛。经过激烈的角逐，中国队获得团体总分第一名，小派和另外两名中国高中生荣获个人第一名。

让我们共同期待未来的大数学家小派有更出众的表现吧！

答案

请君入瓮

35人（解析：设这个班有x人，依题意得$\frac{1}{2}x(x-1)=595$，则$x^2-x-1190=0$，$x_1=35$，$x_2=-34$（舍去负值）。所以这个班有35人。）

谜中之谜

18号

派遣特务

1011，111001，1100100

山洞里的战斗

3种

智擒小个子

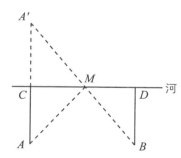

黑铁塔交出一张纸条

10，12，14

将计就计

31，21，10

跟踪追击

（1）+3000，-400

（2）+2.5，-1.8

（3）-150，+400

轮船上的战斗

4，4，2，1，1，2，2

经理究竟在哪儿

乙

寻找最佳射击点

证明：$\because AB/\!/CD$，

$\therefore \angle A=\angle D$，$\angle C=\angle B$。

$\because \angle A=\angle D$，$\angle C=\angle B$，

$\angle COD=\angle AOB$，

$\therefore \triangle AOB \backsim \triangle DOC$。

打开保险柜

12个

船舱大战

121，363，1441

321号房间在哪儿

14	9	16
15	13	11
10	17	12

数学知识对照表

书中故事	知识点	难度	教材学段	思维方法
请君入瓮	用一元二次方程解决问题	★★★	六年级	找等量关系，立足实际进行取舍
谜中之谜	约瑟夫斯问题	★★★★★	五年级	经验归纳法
派遣特务	把十进制整数转化为二进制	★★★	五年级	除2取余，逆序排列
山洞里的战斗	有序思考巧走迷宫	★★★	二年级	有序思考
智擒小个子	最短路线问题	★★★★	四年级	找对称点
黑铁塔交出一张纸条	分解质因数	★★★★	五年级	短除法
将计就计	把二进制整数转化为十进制	★★★	五年级	按权展开求和
跟踪追击	负数的应用	★★★	六年级	逆向思维
轮船上的战斗	七巧板中的数学问题	★★★★	一年级	各块图形间的关联
经理究竟在哪儿	找逻辑矛盾助推理	★★★	四年级	找逻辑矛盾
寻找最佳射击点	相似三角形	★★★★	六年级	一一对应
打开保险柜	简单的排列问题	★★★	三年级	搭配
船舱大战	有趣的回数	★★★	四年级	倒序相加
321号房间在哪儿	神奇的九宫图	★★★★	四年级	横行、竖行、斜行之和相等